［英］艾玛·玛德琳
(Emma Mardlin)

——著

如何突破自我设限，获得持久行动力

王胜男——译

走出舒适区

O UT OF
YOUR COMFORT
ZONE

中国友谊出版公司

图书在版编目（CIP）数据

走出舒适区／（英）艾玛·玛德琳著；王胜男译

.——北京：中国友谊出版公司，2020.12

书名原文：Out of Your Comfort Zone

ISBN 978-7-5057-5020-3

Ⅰ.①走… Ⅱ.①艾… ②王… Ⅲ.①成功心理－通俗读物 Ⅳ.① B848.4-49

中国版本图书馆 CIP 数据核字 (2020) 第 202397 号

书名	走出舒适区
作者	［英］艾玛·玛德琳
译者	王胜男
出版	中国友谊出版公司
发行	中国友谊出版公司
经销	新华书店
印刷	天津中印联印务有限公司
规格	880×1230 毫米　32 开
	8 印张　158 千字
版次	2020 年 12 月第 1 版
印次	2020 年 12 月第 1 次印刷
书号	ISBN 978-7-5057-5020-3
定价	46.80 元
地址	北京市朝阳区西坝河南里 17 号楼
邮编	100028
电话	(010) 64678009

题　献

　　我要感谢我的妈妈克莱尔，她是一位非常了不起的女性，她总能打破界限、突破自我。这也一直鼓舞着我和我的妹妹。

　　我还要感谢我的妹妹弗朗西斯卡，她今年在个人生活领域走出了舒适区——她的第一个孩子即将出生。

前言
走出舒适区，遇见更好的人生

欣然突破极限，这是测试自己的最佳途径。

——理查德·布兰森

毫不夸张地说，我曾经有好几次直面死亡的经历，我不得不面对一些我为之恐惧的、意料之外的事情。值得庆幸的是，那些经历都已成为过去。

比如有一次，我被医生告知将会失明。还有一次，我乘飞机在战区上空飞行时突发疾病，而第二天我又在异国他乡有重要的工作要做。其他工作上、生活中的各种意外和突发事件，更是数不胜数，它们一直将我推向舒适区之外。

从我记事起，妈妈就一直鼓励我和妹妹做我们最恐惧的事情。从本质上来讲，妈妈就是在将我们推出舒适区。妈妈让我们做的那些"恐怖"的事包括：除掉浴室里的蜘蛛、坐最刺激的过山车、抚摸动物园里令人毛骨悚然的动物、直面校园恶霸、和我们畏惧的人讲话，甚至和阴着脸的银行经理对话，请求他帮我们开儿童储蓄账户……只有你想不到的，没有我们没做过的！

尽管有几次我们试图威胁她，如果再让我们做那些可怕的事，我们就拨打儿童热线控诉她，但我妈妈绝不是那种"讨厌的妈妈"。实际上，她是非常出色且颇有智慧的妈妈。通过积极鼓励我们走出舒适区、打破界限、激发潜能，她培养了两个适应能力极强的女孩。而我现在很清楚，成功走出舒适区的核心原则之一就是通过将自己置于别无选择的境地之中，逼自己去做那些原本害怕的事情。用英国亿万富翁理查德·布兰森的话说，就是"管它呢，去做就是了！"

同时我也明白，人生路上充满各种扑面而来的、能给你的精神带来创伤的突发事件，能在经历之后而不受其影响并非易事。这些经历可能会在你的头脑中烙上深深的印记，给你留下不可磨灭的印象。

尽管我的适应能力很强，但面对恐惧时，我也难免会犯错。无论是在我的工作领域还是生活领域，我都会受到自身两种慢性病的影响，我几乎每天都怀有某种程度的恐惧……我也同样需要不断走出舒适区，尽全力打破界限、超越自我。因为我的研究包括找到 1 型糖尿病的根治方法，之前从未有过同种形式的研究，因此，这项研究经常遭受误解，我不得不花更多的工夫去解释、论证。而且，我就是自己实验室主要的"小白鼠"，我认真地实践着自己研究得出的理论，将自己置身于实验之中。

感谢我的妈妈让我拥有一种特殊的能力，无论恐惧与否，都能将事情进行到底。我们每个人都经历过不同的恐惧，处理方式也各有千秋。因此，本书采用一种多管齐下的方法，帮助大家走出舒适区。

在我的个人经历中，有两种不同类型的恐惧让我印象很深。

自小时候起，我一直就不喜欢高的地方，随着时间的流逝，这种不喜欢演变成了一种严重的、非理性的恐惧（恐高症）。这种恐惧后来已经完全失控，以至于我错过了和朋友登上埃菲尔铁塔的机会。

此外，我错过了大学期间多场研讨会。因为研讨会是在高层建筑顶楼举办的，虽然我尽了最大努力想尝试一下，但最终还是僵在楼梯上动弹不得。结果就是我有很多笔记要补。

我的生日惊喜也因为恐高变成了"惊吓"。那是一场音乐会，我自始至终僵坐在二层看台，听不进任何美妙的音乐，头脑中一直计划着如何从那高至天花板的楼梯下去——谢天谢地，我前面的一个高个子男人挡住了我的视野。

还有，在假期训练营最后的丛林伏击课程中，我拖了大家的后腿。因为我之前并不知道，要完成这项课程必须通过一座高悬的绳索桥。当时有个愤怒的德国小孩一直在我身后催促，甚至对我"爆粗"，可我还是退却了。我最终选择了逃离……

尽管我非常明白我需要改变这一切（除了确保没人再给我订音乐会门票），但在很长一段时间里，我仅仅做到了尽量提前安排好事情——基本上采取的是一种逃避的策略。这一策略还挺有效的。

当然也不完全如此。有一天，我突然遇到了棘手的情况，直到那时，我才发自内心地做出了改变。

由于工作的关系，我经常到国外进行演讲和培训，地点一般在酒店的会议室或者大学，通常都是在一楼。然而有一次，没有人提前告诉我培训的确切地点，等我到了以后才发现，参会人员都已落座，而培训室（也许你已经猜到）竟然在一家高档酒店的顶层。这份工作我已经签约了，所以没办法请我的合作伙伴代我来做，如果我临时取消这次培训，将会造成非常严重的后果。当时我紧张得肾上腺素飙升，我别无选择，必须要直面恐惧、迎难而上。尽管电梯直达顶楼，我还是有几节台阶要走，那简直恐怖得要命。

最终我成功地登上了顶楼，径直走进了培训室（尽管内心害怕至极，整个人气喘吁吁）。到那天的培训结束时，我已经习惯了顶楼的高度，甚至我都敢走到阳台上向外看看风景了。那是我曾经错过的风景，真美啊！就在那一刻，我突然意识到，我与别人没有什么不同，也是可以登上顶楼的。

通过这次经历，我明白了当一个人内心有压倒一切的愿望，这个愿望的强烈程度比恐惧感还要高时，人是可以战胜内心的恐惧的。

我的妹妹弗朗西斯卡十分害怕医院、救护车和任何与医疗相关的事物。她甚至不愿意开车路过医院或者跟在救护车后面。

这种症状的学名叫医院恐惧症，也是一种比较常见的恐惧症——美国前总统尼克松就是患者之一，他曾说"如果我去医院，我非常确信我不会活着出来"，这可能会引起许多人的共鸣。

大约在 2008 年，医院恐惧症就在我妹妹身上得到了印证。那时，我住在医院里，正处在严重昏迷中。我的家人被告知我可能再也不会醒来，或者可能有严重的脑损伤后遗症。我妹妹纠结了很久，才下定决心来医院看我，但也只是一次短暂的看望而已，那时我在一间单独病房中开始有恢复的迹象。这次事件使我妹妹意识到，她需要并且渴望改变医院恐惧症。

于是，我们开始研究其根源，回顾所有关于医院的重大记忆。这与她四岁时目睹了一次家庭创伤有关，那时她还处在"印记时期"（这一时期的记忆会在我们的大脑中留下印记，并塑造我们的深层信仰、核心价值观和个性），结果这个创伤记忆发展成了后来的医院恐惧症。

克服医院恐惧症是一次深刻而难忘的经历，她不得不使用一些强烈却又效果惊人的方法。我妹妹展现了她一如既往的韧性。经过坚持不懈的努力，她最终完全战胜了医院恐惧症。在 10 年后的 2018 年 3 月，她在医院迎接第一个孩子的到来，生孩子过程中所涉及的医疗场面，对于过去患有医院恐惧症的她来说简直难以想象。

到现在为止，你应该了解到，要应对和克服无数类型的恐惧及恐惧症，我们有很多种有效的方法可以采用。重要的是你要认识到，无论你恐惧的是什么，它们是大是小，最终都会阻碍你突破个人极限，限制你发挥潜能，限制你成为最好的自己。

好消息是，正如你从我和我妹妹的经历中所了解到的，对于各种恐惧和自身局限，我们都有很多办法来改变它们。

写本书的目的，就是告诉你如何打破界限、发现未知的领域、直面恐惧、缓解焦虑，以及打磨坚不可摧的韧性来拥抱崭新的、精彩的、不设限的人生。书中提到很多精妙的技巧、心理学知识和非传统方法，都是我在帮助别人的实践中所用到的。无论是恐惧症、内心创伤还是强烈的焦虑，这些都会阻碍他们取得本可取得的成就。本书是一本全面的指南，如有需要，你随时可以进行参考。

希望你能够享受阅读过程并乐在其中，尽你所能去争取实现更多的突破。

目　录

第四章　必要准备：让行动事半功倍的方法 🚀

第五章　积极心态：不会退缩的秘密 🚀

第六章　释放焦虑：打破舒适区的壁垒 🚀

第一章

舒适区测试：
现在就来测定你的舒适区水平

尽管由于各种原因，我们每个人都有不同的舒适区，但有一件事是确定的：我们都有自己的舒适区，而舒适区外，是一些强烈的恐惧、焦虑和隐藏的局限。本书就是要帮助你战胜那些恐惧、焦虑和局限，真正打破界限、超越自我，培养一种全新的思维，给你带来真正想要的生活！

在正式开始之前，测试一下你现有的舒适区，弄明白到底是什么在阻碍你前行，这是很有帮助的。有的问题可能是非常明显的，而有的问题你可能没有清楚地意识到。这将给你提供一个觉察自己的机会。

本书的最后还会附上舒适区测试，这样你就可以重新进行测试，对比得分结果，看到你的进步。舒适区测试也会突显出任何你想要或者需要加强的领域。

> 我认识到，勇气并非意味着没有恐惧，而是你能够战胜它。
>
> ——纳尔逊·曼德拉

进行这种内省的测试，你就可以看到自己待在何种舒适区。如果你能积极地看待这些领域，并做出改变，推动自己不断前行，这样你就不再有局限和非理性恐惧——它们只不过是你进步的阶梯，而你的人生在经历这一切后将会更加精彩。

以下这些问题，没有对错之分，只是个人偏好而已；这些问题只是表明你目前的心理状态如何。

你还可以深入思考每个问题和答案分别代表着什么含义。如果你愿意这样做，请完成测试之后再重新阅读和思考，以免影响你的回答。阅读问题和答案的具体含义可以帮助你进一步理解自己的答案，洞察当前的内在自己，这样你就能最大限度地发挥本书的价值。

因为这项测试对你和个人发展而言都是一项测量工具，如果你能尽可能诚实而快速地回答这些问题，就能最大限度发挥它的作用。

请记住，这些问题是通用的、基于自我分析的，因此测试结果并不能作为任何正式的心理结论，而是作为你当下的舒适区和生活状态的一种迹象。

不能勇于面对的恐惧将成为我们的限制。

——罗宾·夏玛

舒适区测试

请勾选最适合的选项。

1.上一次为了个人的成长，我做了让自己害怕的事，或者做了一个大胆的决定，具体时间是：

    a. 记不清楚

    b. 在一个月之内

    c. 在一年之内

    d. 在半年之内

2. 如果面临一个处境，也许会做令我非常不适的事，我将：

    a. 完全避免这种处境

    b. 有意地向前推进自己

    c. 找借口避免做我不喜欢的事

    d. 视情况而定，如果不得不做，我就会做

3. 我相信自己的直觉：

    a. 很少

    b. 总是

    c. 偶尔

    d. 经常

4. 其他人认为我与众不同或不依惯例：

    a. 从不

    b. 总是

    c. 或许

    d. 经常

5. 我发现做出改变很有挑战：

a. 总是

b. 从不

c. 经常

d. 偶尔

6. 我是一个企业的首席执行官，必须要做出艰难的决定，辞退两名员工中的一位。一个是我的兄弟姐妹，虽然不是最佳员工，但是也擅长这份工作，我深知他（她）非常依赖这份工作；另一名员工非常擅长这份工作，并且有着完美的工作履历。我将支持我的家庭成员：

a. 总是

b. 偶尔

c. 经常

d. 从不

7. 当出现问题时，我很冷静，并且很容易发现多种解决方法：

a. 从不

b. 总是

c. 偶尔

d. 经常

8. 在一个项目中，需要有人掌控全局。即便不是我，我也认为知识最丰富的那个人应该成为领袖：

    a. 从不

    b. 经常

    c. 偶尔

    d. 总是

9. 在我的生活中，我知道我有照顾好自己所需的一切；我相信我总能对发生的一切负责，即便不是我的错：

    a. 从不

    b. 总是

    c. 偶尔

    d. 经常

10. 我会更改社交网络账号上的头像：

    a. 频繁

    b. 偶尔

    c. 非常频繁

    d. 从不

11. 尽管会遇到困难和挑战，我正在尽己所能过我想要的生活：

    a. 从不

    b. 总是

    c. 偶尔

    d. 经常

12. 对于开放式（非具体）计划，我完全能接受：

a. 从不

b. 总是

c. 偶尔

d. 经常

13. 我的所作所为是因为我别无选择：

a. 总是

b. 从不

c. 偶尔

d. 经常

14. 我曾经参与过如下运动或活动：跳伞、蹦极、斯库巴潜水、鲨鱼潜水、滑翔伞、驾驶飞机、爬山或爬火山、彩弹射击、赛车、快艇、滑雪、大型主题公园的摩天轮或过山车，或类似的活动：

a. 从不

b. 参与过，只要有机会就参与

c. 不感兴趣

d. 尝试过，但是今后不会再尝试

15. 如果生活中有我真正想要的东西，我总会找到途径去实现。我不仅有目标，而且会实现它们：

a. 从不

b. 总是

c. 偶尔

d. 经常

16. 对于经验欠缺、资格或资金不足的新项目，我不会开始：

a. 总是

b. 从不

c. 经常

d. 偶尔

17. 我有深度的焦虑、恐惧或恐惧症，它们会令我无法享受我想做或者本可以做的事情：

a. 的确如此

b. 过去曾经如此，但已经克服

c. 有时候

d. 从不

18. 我不喜欢与优柔寡断的人相处：

a. 的确如此

b. 有时候如此

c. 经常如此

d. 并非如此

19. 我喜欢参观从没去过的地方：

a. 从不

b. 总是

c. 偶尔

d. 经常

20.对于不按惯例、不熟悉的情况，或者做我不经常做的事情，我会感到不舒服：

a. 总是

b. 从不

c. 偶尔

d. 经常

21.我玩游戏和做运动是为了娱乐和健康，而不仅仅是为了赢（职业比赛除外）：

a. 从不

b. 总是

c. 偶尔

d. 经常

22.我不会第一个尝试或谈论新事物：

a. 总是

b. 从不

c. 经常

d. 偶尔

23. 如果有需要处理的事情，我会尽快直接面对它：

a. 从不

b. 总是

c. 偶尔

d. 经常

24. 即便我并不确定答案，但这不会妨碍我回答问题，我会尽力表达自己认为正确的思想：

a. 从不

b. 总是

c. 偶尔

d. 经常

25. 我不会做某些可能会让自己出丑的事情：

a. 总是

b. 从不

c. 经常

d. 偶尔

请为下列陈述勾选对错。

26. 如果医生就某件严重的事情强烈建议我该怎么做，认为我应该遵循他们的建议，但是我不同意医生的建议，我会固执己见：

a. 正确

b. 错误

27. 我通常不会为自己的错误而担忧：

a. 正确

b. 错误

28. 如果我真正想要或需要什么，比如创业、做慈善、生儿育女、移居国外、跳槽或者开始新的职业生涯、继续接受教育或深造、写一本书、做外科手术、治疗疾病等，我从不找理由将其推迟：

a. 正确

b. 错误

29. 我已经成功地完成一项深刻的、改变人生的个人使命：

a. 正确

b. 错误

30. 如果必须在时间压力下完成某事，我通常不会将其视为困难，实际上我会在压力之下发挥出色：

a. 正确

b. 错误

31. 我知道自己擅长的事情，我爱自己。我不需要为别人如何看待我而证明自己：

a. 正确

b. 错误

答案和解释

以下分值适用于第 1~25 题：

a = 1 分

b = 4 分

c = 2 分

d = 3 分

第 26~31 题的分值如下：

a. 正确 = 1 分

b. 错误 = 0 分

以下陈述是对上述每个问题的简要解释。

问题 1：一般个性、生活方向和个人界限

问题 2：自我激励、自我驱动

问题 3：自我意识、自觉性、自信和自立

问题 4：自信、自我意识、思维风格

问题 5：对改变的灵活性和韧性

问题 6：感情用事、需要得到他人的喜爱

问题 7：变通思维、创造性思维、自信、问题解决、压力

问题 8：实用主义、控制感、自尊心、以问题为导向

问题 9：自我责任、自力更生、足智多谋、自信、独立自主、需要确定性

问题 10：寻求社会认可——需要被认可、被喜欢、与流行文化融合、个人的不安全感、与他人比较或竞争显得自己"足够好"、坚持自己的主张

问题 11：抱负、看到解决方案而不是问题

问题 12：灵活性、相信自己、相信生命过程

问题 13：把握机会、把可能性和必要性付诸行动、决心和克制

问题 14：喜欢肾上腺素飙升的感觉、寻求刺激

问题 15：决心、深知积极信念体系的作用和优势

问题 16：害怕失败或犯错误

问题 17：现有恐惧测试

问题 18：领导力和掌控

问题 19：冒险和应对不确定性

问题 20：对未知的恐惧、需要安全感

问题 21：害怕失败和耻辱——拥有全局考虑的能力

问题 22：实验和领导力

问题 23：自信和勇气

问题 24：独立思考和害怕犯错

问题 25：压抑

问题 26：权威、独立思考、自信

问题 27：自信、焦虑水平和决策

问题 28：潜意识的恐惧

问题 29：当前位置和期望

问题 30：自我施压和思维风格

问题 31：决断

你处在哪个地带——舒适带、探索带、突破带、零地带

深灰色——舒适带

灰色——探索带

浅灰色——突破带

白色——令人不适的边界拓展阶段

无边界——零地带

舒适区示意图

满分是 106 分，你的得分——

舒适带：50 分及以下

你喜欢待在舒适区：你可能厌恶风险，更害怕犯错和冒险，抗拒改变。当谈到打破界限，你倾向于是一个谨慎、焦虑的人，更喜欢安全求稳和心满意足，而不愿冒更大的险；因此，你可以更容易地安定下来。或许你早已在等待正确的时机来改变你的想法，并已准备好开启全新的、关注未来的自己，感到值得拥有曾经梦想拥有的一切。如果有人能做到，那么你也能做到，本书将为你提供正确的支持、思维模式和实用的资源。现在你便可以制订将梦想变为现实的计划。

探索带：51—74 分

你可能在为采取行动而热身，期望可以增加自信，不再焦虑、评判和感情用事；可能你的脑海里有一个想成为的形象，或者你想要过的一种生活。你的恐惧和焦虑水平似乎处在均值，但是你意识到这种恐惧和焦虑，并且希望加以改变。你主要需要摆脱压抑感和控制欲。你比较喜欢稍微展示一下自己，获得一些新的经历，但是会限制在较为安全的范围内，以便尽量降低风险，以及犯错或失败的概率。你会发现韧性培养非常有帮助，会采取积极措施在带际之间成功地进行转换，到达你想去的地方，凸显你的最大潜力。

突破带：75—100 分

你已经打破了舒适区。你展示出或感到已经准备好新的思维水平，最终这将你推向"零地带"。你展示出"零地带"个性所具备的所有特点，但是需要更加和谐一致，秉持一种坚定的信念和不可动摇的自信。

你必定是敢于冒险的人，喜欢新的挑战。你通常对于失败或犯错毫不畏惧，但偶尔的恐惧或自我怀疑有时会阻碍你把握更多的成功机会。你会从学着更加相信生命过程、更加相信自己中获益良多。进一步增强你的直觉将对你大有裨益。你并不太关注别人如何评判你，但也会有所意识，这会偶尔导致延缓你的个人进步。

一般来讲，你是个大胆无畏、寻求刺激的人，敢于与众不同。你对冒险感到舒服自在，并且喜欢挑战自己的舒适区。

本书的后面几章将为你进行最后的突破助力。

零地带：101 分及以上

祝贺你，你已经彻底突破了局限！如果因某种原因感到有点不对劲，或许你还需要探索"我到底是谁？"

在本书中你会发现所需要的一切，无论是重新点燃自己的正面支持，还是促使你到达另一个层级。第八章恰恰可以满足你所需。

进一步问自己如下问题，也是有益的：

- 你为何做出上述回答，你需要提升的方面具体是什么——将你的答案记录下来，可以在读完本书后检查进步情况时做对比，那将会更加有趣。
- 最终，你是否通过思考这些问题而发现了全新的自己？
- 你是否准备好扩大你的舒适区，使自己能够到达任何想去的地方？或是能更加了解自己？又或者仅仅重新设定一个全新的目标，看看如果不为自己设限能够走多远？

请认真思索一下这个问题："如果没有舒适区，你想成为谁，你想拥有什么？"

无论你处在哪一阶段，无论你当前的舒适区水平如何，当你在任意两个区域间进行过渡时，总会经历令人不适的边界拓展阶段，这是必须要突破和克服的——这在前文（见第 15 页）的舒适区示意图中表现为白色圆环。在边界拓展阶段，会产生真正的积极变化，让我们能够取得进步，并过渡到新的高度。随着环状带的颜色变得越浅，这一边界拓展阶段的挑战性会变得更小，因为我们变得对打破界限所需的元素更加习惯。

　　这一进步的旅程构成了我们的个人进展，是我们真正学会了什么，并且转变成为我们最终想成为的样子，实现最大成就的关键。

> 如果没有舒适区，你想成为谁，你想拥有什么？

第二章

快速突破舒适区的关键

上一次你挑战自己是在什么时候？上一次你直面恐惧、冒险并突破自己是在什么时候？上一次你走出舒适区，做出积极改变，让自己向前迈进又是在什么时候？

你是否曾问过自己："我因为决定待在舒适区内而错过了什么？如果我做了相反的决定，我可以实现什么？"

无论你的答案是什么，如果你曾经成功地面对并克服了某种恐惧，那你一定感受过强烈的自由感、解脱感、自我价值感、成就感和满足感。这是一种很棒的感觉，我确信你会有同感！

你可以想象一下，如果一直有这种美妙的感觉该多好。当你战胜了某件事情，打破了极限，你会感到自己无所不能，仿佛世界上没有任何事情能够阻挡你获得成功。现在，有一种全新的思维方式可以帮你找到真正的自由感，而这种自由感可以让你热情地拥抱生活。想象一下，你可以永远拥有这种感觉，而现在，你就在学习如何获得这种感觉！

当然，有很多理由曾经阻碍并将继续阻碍我们走出舒适区，阻碍我们去获得那些令人振奋的感觉。而这也是本书的主要目标：提供资源，将那些阻碍因素从我们的道路上铲除。

本书的主要观点是"敢于与众不同"：用不同的思考模式去看待事物，产生不一样的结果；用"每天做些富有挑战的事"的实用方法来培养韧性。后者是一个完美的方法，我的一个生意伙伴兼好朋友安东尼·霍尔曾说："每天做些令你害怕的事。"其中的理念就是挑战自我，积极拥抱恐惧，最终你能够面对并战胜一直阻碍你进步的最大恶魔，也可能某一天这会给你带来惊喜。

尽管潜在阻碍你的事物似乎大小不一，但有一件事是确定的，无论阻碍你的因素是什么，都与某种形式的恐惧（或其他衍生出的负面情绪）有关。

在任何情况下，我们都有两种选择：

1. 压抑自己，终其一生都待在一成不变的舒适圈里。
2. 敢于与众不同，跳脱窠臼，创造改变，走出舒适区，打破界限。

实施第二种选择主要有三种途径：

1. 管它呢，去做就是了。
2. 培养韧性，利用具体的资源来实现。
3. 从根源出发，改变思维模式，下决心过精彩的生活。

本书将与你分享实施以上三种途径所需的一切，帮你战胜恐惧和局限，无论是大是小，无论是有形的还是无形的。你所需要的一切都被整合在一起，这样你就能在任何情境下去争取想要的。

很多行为心理学家和一些医疗专业人员都会告诉你，没有可以改变我们的焦虑、不安或恐惧感受的万能药。他们相信这些感受仅可通过改变我们的行为来克服——因此他们倡导"管它呢，去做就是了"或者"每天做些让你害怕的事"这样的哲学。总之，他们表达的是，为了克服焦虑感或恐惧感，我们必须迎难而上——这就意味着要学会应对不适感，不可避免地将自己推出舒适区。

以上观点当然是对的，但它无法应用到所有的场景中，因为如果这么简单的话，我们不就都能面对并克服内心的恐惧了吗？

我们要清楚的是，首先要改变思维方式，这样才能改变我们的感受，因为是思维的部分最初产生了非理性恐惧；而随后的感受和情绪最终改变了我们的行为，进而改变了行为的结果。

因此，本书还提供了一些非常强有力的话语和技巧，可以帮助你释放不必要的焦虑；在面对主要的恐惧和做出积极改变之前，你可能需要先解决焦虑。

毕竟，我们不能忽视改变，因为一切有关走出舒适区和打破界限的行动，都不可避免地会涉及创造激动人心的全新的现实，创造一个崭新的你，带来完全不同的结果；对于有些人来说，这样的改变可能和面对最初的恐惧一样令人害怕。

因此，培养韧性和找到解决根本问题的方法将帮助你识别恐惧，并采取行动来直面恐惧、消除限制、打破舒适区。你将通过回顾成功战胜恐惧的经历来锻炼直面恐惧的能力，而不是被动地应用这些技巧来克服恐惧。

当你准备好测试恐惧，那些曾经让你头疼不已的、压倒性的恐惧将从根本上不再成为问题。我将这称作"真正的"问题井喷。

非理性的恐惧会阻碍你的人生旅途，阻碍你激发全部潜力。然而也有很多方法可以释放和克服那些恐惧，毕竟它们极少是真正的或具体的威胁。

> *我们不惧怕未知。我们惧怕的是我们所了解的未知。*
>
> ——蒂尔·斯旺

比如说，当谈到一些普遍的恐惧时，你是否知道：

- 关于恐惧飞行，高空恐惧症——你遭遇空难的概率比成为专业运动员或遭遇车祸的概率还要低。
- 关于恐惧雷声和闪电，闪电恐惧症——雷声通常是不危险的，被闪电击中的概率极低，因为有 90% 的闪电穿梭在云层之间，而不会到达地面。
- 关于恐惧蜘蛛，蜘蛛恐惧症——在 4 万种蜘蛛中，仅有 12 种蜘蛛可对成年人造成严重危害。
- 关于恐惧牙医，牙医恐惧症——现代牙科技术，比如空气喷磨技术，已经取代了过去的很多种创伤性牙科治疗手段。
- 对于任何可能伤害你的事物的恐惧，你都能在本书中发现新的、科学的思维方式来确保你避免受到伤害。

- 实际上仅有两种真正天生的恐惧：坠落恐惧（经常与恐高症相混淆）和噪声恐惧。这就意味着其他任何恐惧都是我们自己创造出来，并停留在我们脑海中的。因此，恐惧只不过是我们给自己讲的故事，可被称作"看似真实的假证据"。

本书重要的原则之一便是帮助你培养韧性，应对任何令你恐惧的事——无论大小，应对任何在生活中阻碍你的事。这将帮助你认识到根源，找出恐惧。

在你走出舒适区的过程中，它将帮助你深入思考自己的生活，并促使你打破个人界限。

在生活中，满足于待在温馨的舒适区是多么容易呀！

我相信你也一定觉得那太容易了！然而，待在舒适区也颇像"仓鼠跑轮"，是一种单调、无聊的循环，最终阻止我们个人的、社交的和专业的成长与发展；我们可以实现曾经认为可能的目标，但是如果我们待在舒适区内，就会逐渐接受那些目标消失，甚至直接放弃目标。

逐渐打破舒适区将帮助你开始以不同的眼光看待生活，这像是一场冒险。当你改变看待生活的角度时，你将会发现自己正在经历一个全新的世界。

从本质上来说，你选择的是掌控自己的思想，从而掌控自己的人生。这样一来，你开始决定自己如何体验世界万物，如何对待生活。这样就可以避免让外部世界来决定你的感受，造成自暴自弃的恶性循环。当我们决定对自己负全部的责任，意识到并接受这个事实，我们才是影响自己人生走向的人时，我们便能创造最大的改变。因此，本书的目的就是与你分享如何积极地推动这样的改变，使舒适区的概念成为过去时。

经历这一过程将帮助你培养韧性，从此你就不再害怕探索你曾经害怕面对的新边界或新事物，比如对未知事物的恐惧、对失败的恐惧或对改变的恐惧。

因此，本书也鼓励一种没有界限的思维模式，在未知和变化中寻求刺激，将失败仅仅看作进步或者下次做得更好的经验。

通常当生活中发生非常极端的事，人们才会意识到他们的确需要改变了。然而，通过应用本书中所有的概念，你便不必等待着这一切的发生。今天你就可以开始采取小步骤以取得大进步，进而获取任何你想要的。

你可以通过改变思维模式立即做出改变。如果你开始以不同眼光看待事物，事情就会开始变得不同，你也很快会发现一个全新的自己。

现在，请看以下 3 幅图片，当你看到每一幅图时，你的第一感觉是什么？

害怕？恐惧？紧张？兴奋？有趣？挑战？

这个问题有趣的地方在于，人们即使在看同一幅图，或者谈论同一个概念时，也总能出于各种原因给出不同的回答。

比如两个人同时乘坐过山车，本质上是在做同样的事情，但其中一个人可能害怕得发抖，而另一个人则可能激动得大笑。

同样地，当两个人在面对两百人讲话时，其中一个人可能享受这个过程，而另一个人则可能紧张到恶心，结结巴巴地完成讲话。

显然，没有两次经历是完全相同的，这就告诉我们：每件事都在于内心怎么想！

这种启示的精彩部分在于，恐惧通常是我们头脑中创造出的一种抽象的想法。我们甚至可以进一步总结，恐惧从来都不是真正的问题——恐惧仅仅是一种反应。我们表现出的思想，才是真正的问题。

因此，对你来说非常害怕的事，另一个人可能毫不畏惧……当你用一种正确的思维模式去思考时，你将能摆脱任何恐惧！

通往成功的七个主要原则

以下七个原则将帮助你专注于取得成功。

1. 意识到主观现实是创造客观结果的因素。

• 如果我们有负面的、害怕的或者愤世嫉俗的思维模式，那么在头脑中便形成了我们个体的主观现实，我们的外在结果将与其一致。比如，如果我们害怕，我们就不会做某些事情，因此就不会进步。类似地，如果你内心对某事感到消极，你就不可能体验关于此事的积极结果。

- 选择创造积极的主观现实（也就是，你在头脑中给自己讲故事，你如何感知和看待事情，你如何思考和感受生活），就会造成你的客观现实（外部世界）发生相应改变。在本书第八章将有详细解释。

- 总之，你要明白你可以主宰自己，而不是仅仅对外部世界做出反馈和反应，让外部世界来决定你的内在状态和整个生活。

- 这是令人振奋的事，你越是欣赏和应用这种方法，你收获的结果就越好，你将体验到生活中的积极变化。这部分内容在本书第六章和第八章将有详细解释。

2. 积极专注和有限的"不应期"

生活中总会出现许多障碍和挑战，但是我们常说的"那些杀不死你的会使你更强大"的确很有道理——至少你能拥有正确的思维模式，并且能主动地换个角度看问题。这非常简单，尽管我们都不时需要表达负面情绪，但我们表达发泄得越及时，采取越恰当的方法，结果也会越好。

这是因为我们表现负面情绪的时间越长，让它们在我们体内肆意扩散，对我们造成的危害就越大——既有心理上的，又有生理上的。负面情绪发生的时间区间被称作"不应期"，我们应当把这段区间控制得越短越好。

我们可以通过安全的方式释放负面情绪（比如大哭一场、大声叫喊、咆哮一场、发一顿火等），然后将其仅看作一次"经历"，从中汲取经验教训，如此一来我们便可以保持积极关注，这些经历很快就能不带情绪负担地进入记忆中——最终沉淀为智慧。

我们越保持积极关注，经历的一切让我们学到的越多，我们就越能积极向前，吸引更多的积极性来到我们身边。这就是基于"物以类聚"的法则，也称作"吸引力法则"。

在本书第四章和第六章，还有很多可以应用的资源和观点，尤其是"重新架构"——如何以不同的眼光看待事物。

积极思考并不像听上去那样浅显，它不像"保持乐观，一切都会好起来"那样容易，而人们常常给它贴上"快乐拍手俱乐部"的标签。而实际上，积极思考是在调节自我，使自己聚焦在积极方面，同时也会对周边事物保持注意。

我们会获得所关注的，我们会看到想要看到的，即使有的事情看起来是一样的——比如说，一对亲兄妹即使经历同样的童年，但是他们的记忆是不同的，因为他们对于童年的体验和情感不同。

　　一个具有隐喻性的例子就是上图的一座拐角处的房子。请认真观察一下。

　　你关注图片顶部或是底部，得到的感受是完全不同的，这取决于你的焦点在哪里。用你的手掌挡住上半部分观察一下，再挡住下半部分观察一下。

　　感受是否完全不同呢？但是，这是同一幅图片！你关注的角度决定了你所看到的内容。那么，想象一下：如果图上两个部分代表事物的积极面和消极面，那你将选择关注哪一方面呢？无论你选择哪一面，都会产生与另一面完全不同的结果。

3．永远体会内心深处的自己

- 为何你正在做自己所做的事？
- 你最终的目的和意图是什么？
- 你想要达到什么——你的目标到底是什么？

- 你是否专注于自己想要的而不是不想要的？

- 你大多数时候都专注于什么？

- 那是否是你想要的，你是否专注于取得自己想要的？

- 你是否浪费太多时间思考自己不想要的和可能出错的事情？

- 你是否能感觉到并且真正体验到实现目标的快乐？

4. 强大的行为灵活性和思维灵活性

- 这对于成功实现任何目标（无论大小）都很重要。如果你尝试做某事的第一种方法难度很大或者没有效果，你就需要拓展思维的灵活性，去寻找其他的方法或途径。

- 行为灵活性和思维灵活性对于成功至关重要。就我的经历而言，如果有全面的灵活性，任何事都是有可能达成的，因为灵活性可以帮助你控制住局面。通过保持灵活和发散思维，我最终总能获得想要的结果。

- 谨慎给出否定的回答，因为总会有其他的方法来跨越障碍。做事情总会有多种方法，无论有多么不合常规——我们就是要不断打破常规。

- 生活总呈现给我们诸多挑战和困难，但是如果我们拥有行为灵活性和思维灵活性，我们就能常常战胜这些挑战。

- 运用"水平／逻辑思维"是做到以上的关键。开始的时候我们要问自己这样的问题：

做一件事的主要目的、意义和意图是什么，更大的图景是什么？

我们还要问自己：

- 有其他案例吗——要想达成同样的结果是否还有其他的途径或选择？

想想你过去遇到的挑战，如果你同时具备灵活的思维和行为，你是否能获得完全不同或者更具成效的结果？你可以改变哪些因素使得事情更加美好、更加适合？

- 你还能做些什么？

采取这样的观点，你就自然成为问题解决者，专注于解决方案，专注于结果，而不是专注于问题本身。你将愿意改变你的思维模式来获得寻求的结果。改变自身行为在需要之时可以模仿正确的对象。

- 注意人们对你的回应。
- 你是否需要改变策略来获得更好的结果？
- 注意他人和周围环境小的变化，这样你就能相应调整自己的行为，以产生最好的结果。
- 注意变化，成为好的观察者，时刻注意什么是最好的，你能改变什么。注意自己的情绪和行为——你可以做些什么不同的事，以取得更好的结果。

5. 自我意识——身体上的和心理上的

注意你的身体状态。你是否曾经见过有人瘫软地站着，眼睛朝下看，而感觉到他自信外露？恐怕没有吧！

我们外在的形象可以反映出内心状态，反之亦然。自信的表现——笔直地站立或坐直，头、肩、背都在一条直线上——会给人一种自信的感觉，毫无疑问，这将帮助你取得更好的结果，吸引更好的事情发生。这反过来会在大脑中产生积极的化学物质。即使你不喜欢微笑，也尽量多微笑——这将对你自己和周围人的情绪产生积极影响。

身体表现会影响我们自身，影响我们所吸引的结果，以及我们对他人的影响。我有一个切身的例子。那时，我和我的工作伙伴要在英国的一所小学进行一场教师培训，主题是"工作场所的幸福感"，主要关于健康和加强专业表现。我和我的工作伙伴至今仍为那段经历感到震惊……

当我们到达那所小学时，我们受到一位教师的接待（如果能称之为接待的话）。她艰难地挪动双腿朝我们走来，脸上没有一丝微笑，眼睛看向地板，肩膀耷拉着（我确认过，这不是残疾造成的）。当我们做完自我介绍，问她今天过得怎么样时，她用平淡的语气回答："现在好些了，仅此而已。"

这时我们还没有见到教师团队，而当我们见到其他教师，令我们难以置信的是，他们当中的许多人都有类似的身体表现和态度。另外，这个教师团队对任何事的语言表现、态度举止都充满负能量。

一位教师直接对我说（很粗鲁，甚至有点冒犯）："我不相信你战胜了糖尿病。"我回答："是啊，所以你战胜不了它！"我如此回答的意思是，这位质疑我的老师如果一直处于那种状态中，将永远没有机会战胜糖尿病，因为她消极的、不相信的心态让她没有机会。非常简单，我们内心真正相信什么，我们就会成为什么样的人。

从这件事你就能清楚地看出，我们的思考方式、思维模式、信任系统、身体表现和举止、语言交流（包括语气语调而不仅是词汇）都具有内在的联系。

幸运的是，在那个教师团队中，有少数老师包括校长在内，都具备积极昂扬的身体表现：他们笔直地坐着，同时放松和微笑，留心观察周围，保持积极的态度。有趣的是，这些人似乎从培训中得到了最大的收获，尽管他们会遇到各种挑战，但通过我们的反馈、跟踪和个体谈话，他们在专业领域和个人生活中都不断取得好的结果。

生理状态对于表达自身感受、我们向外界的投射，以及我们所取得的结果至关重要。可以想一想你知道的那些成功和快乐的人，你是否见过他们垂头丧气、萎靡不振，像前面我描述的大多数老师那样？

同样地，注意到我们的心理状态也至关重要。这意味着控制我们的思想和情绪，以便保持我们内在和外在的良好状态。这一点也十分重要，因为尽管我们非常清楚生活中并不事事顺遂，悲惨的事情可能会发生，但仍然要保持乐观的态度，这样我们才能保持足够的机智，尽可能取得最好的结果。

进一步说，要认识自己。你的动机是什么，你的深层次价值观是什么，促使或阻碍你前行的是什么？你相信什么——你的主观现实是什么？你需要做出什么改变？知道这些关于你自身问题的所有答案将帮助你奋勇向前，并且取得你想要的结果。通读本书，将帮助你发展敏锐的自我意识和强烈的目的感。

6. 采取行动并勇于尝试

人们经常有一些伟大的计划，但是不去执行，因此也就不会取得任何成果。

有时候尽力一试而不过度考虑更为重要。没有人是完美的，不可能所有事情都能第一次就做好，因此不要害怕尝试，如果一次不成功，就再试一次。不断研究和反复试验是很棒的事情——不断向前。

你一定听过这句谚语：罗马城并非一夕建成——虽然建造所花的时间不少，但罗马是一座伟大的城市，现在仍屹立于世。

7. 创造"改变窗"——敢于变得不同

只有当我们敢于"违背"往常的自己时，我们以往的恐惧、恐惧症和情绪负担才能真正发生改变。要做到这一点，我们必须要创造"重要时刻"。那时，我们有机会可以做出以往从未有过的决定和行动，我们面临着有意识的转变，甚至以完全不同的个性来面对无所畏惧的、愿意打破界限的全新的自己。

我把这样的时刻称作"改变窗"，即我们以不同的方式进行思考、感受和表现，这将从本质上改变我们的神经系统，由大脑向身体发送不同的信息，又由身体向大脑发送不同的信息。这个过程将影响神经系统的每一个细胞，因此能够产生强大的内部改变，最终造就一个全新的你，并产生全新的结果。

30 天韧性培养挑战

用以下 30 天的热身韧性挑战，开始调整和改变你的思想及身体，产生积极的变化。在一个月的时间里，每天都有一项挑战。

你可以用一个月的时间，每天在 30 项挑战中随机挑选一个，来练习如何应对不确定性。或者，你也可以从第一项挑战开始，逐项执行。每一项都会向你发起新的挑战。

这些挑战可以帮助你锻炼应对挑战、打破常规舒适区的能力，从而产生积极的变化。每一项挑战的意义都在于，无论你是否喜欢它，无论它看上去是否毫无意义、可笑或者愚蠢，你都必须要完成那项挑战。你是否有足够的灵活性来完成它？你是否敢于做些不同的事？你是否敢于打破禁区，幽默地应对不确定的挑战？

1. 随机和五个陌生人打招呼问好。

2. 和朋友玩游戏，将搞笑和随机的短语融入正常的交谈。比如可以模仿搞笑的英国足球节目主持人克里斯·卡马拉，或者说一连串根本毫无意义的话……从本质上来讲，就是想出一些随机的搞笑短语，把它们加入日常对话中。这是一种无害、大胆的乐趣，开始将你推出舒适区。毫无疑问，你会让一些人开怀大笑。

3. 和陌生人或熟人进行亲切的对话，或者说一些好玩的事、不同寻常的事，当面或者通过电子邮件谈论都可以。

4. 坚定而自信，诚实而可靠——大胆说出来自己的想法，说出那些你可能以前不敢说的事，或者是你根本不喜欢或不同意的事；毫不克制自己地过一天——打破你的界限。

我经常听到有人抱怨一些人或事，而当他们有机会告诉对方去改变时，却缄默不言——什么也不说，什么也没有改变。因此，如果你想做出改变，这是个很好的初始小挑战。

5. 尝试与平时风格不同的衣服。你可以尝试穿色彩鲜艳、富有魅力的服装；如果你以往的穿衣风格比较"呆板"，可以尝试穿休闲装。总之，就是要积极改变风格！还可以改变你的发色或发型，改变妆容，素面朝天，蓄上胡须，或者将胡子剃光……你现在肯定理解了其中要义，你会发现这样的改变会让你产生多么不同的感受。

我的一个客户起初来到我这里，非常消极，感觉自己毫无价值，陷入了忧郁状态。当我问她每天从一睁开眼开始，大部分时间是怎样度过的，我很快就明白了，她丝毫不在意自己的外表，整天穿着 T 恤衫和紧身裤。我建议她做出一些改变——重新设计发型，把头发染成其他颜色，每天早起一会儿打扮自己，穿着得更加得体——她这样做以后，的确感到大不一样。她的行为举止也因此大不相同，对自己有一种自信感和权威感。仅仅是外表的些许变化，却带来了行为举止和生活习惯的变化，从而改变他人对她的反应。这就是我们老生常谈的道理——如果你从内心深处不认可和珍视自己，怎么能指望其他人认可和珍视你呢？

6. 拨打你曾拖延的电话，或者给一位久未联系的家人或朋友打电话。接听语音信箱，面对你曾经回避的留言。

7. 将手机和社交媒体完全关闭 24 小时——你会感到前所未有的自由，当然也会打破界限。

8. 独自旅行，去你并不熟悉的地方。

9. 从街上无家可归者手里买一份报纸，给他们一个赚取合法收入的机会，并与其交谈，了解他们为何在街头卖报。如果你有胆量更进一步，可以替卖报者卖几份报纸，让他短暂休息一会儿。如果你所在的地方没有这样的机会，可以做一件类似的事：比如给无家可归者买瓶饮料，或者带他们吃顿午餐，听他们讲述自己的故事，或者其他你能做到的善举——为一位有此需要的陌生人或一位新同事做类似的事。

10. 冥想。见第四章"积极利用音乐",以指引你进行正确的冥想,以及第六章"探索并投入冥想",以了解更多关于冥想的内容。

11. 看着镜子中的自己,并对自己大声说"我爱自己,我享受所做的事情"。如果你发现自己无法做到,也无法说出原因,那就对自己说"我有勇气来改变生活,我尊重自己的改变"。

12. 使用不同的交通方式。将你的私家车留在家里,改为乘坐公共交通工具、步行或骑自行车。如果你不会开车,鼓励自己考个驾照。如果你无法舍弃私家车,可以将其停在离目的地较远的地方,这样你可以步行更远的距离。改变一下自己的常规,即使这将使得你不那么舒服或不容易做到。

13. 在一周中间做不同而有趣的事,再次做出一些改变,比如说尝试密室逃脱游戏。这对于娱乐、社交和打破界限都是绝佳的方式,你可以通过玩游戏增强一系列技能。

14. 做意料之外或突发奇想的事。尽管这样做会让你有点不适,但是并没有任何坏处。对我来说,这样的事可能包括不带手包去喝杯咖啡,因为我的包里装着所有的必需品——但实际上,没有那些东西我也应付得了。对你来说,这样的事可能包括将手机放在家里,不戴手表,不带购物清单,临时更改去采购食物的地方。

15. 去一个你从没去过的地方。随意挑一个方向,然后就沿着游客指示牌一直走，看看你能到达哪里，你会做些什么，这未尝不是一次冒险的旅行。如果你不愿这样冒险，或者这个方案不可行，你也可以去一个从没去过的餐馆或咖啡馆。尝试不用 GPS 导航去一些地方也是很有意思的事情。

16. 不拘礼节，彻底放松。比如可以跟随吵闹的音乐在房子周围翩翩起舞，或者请自己去看一场喜剧演出。

17. 随机给某人制造意外惊喜。从称赞某人和表达你的感激之情，到给某人送花或请他们吃饭，只为给他们一个大大的惊喜，而不是因为某种特定的原因。

18. 去儿童游乐园玩一番——带孩子或者不带孩子都行。这项活动特别放松、有趣而又富有挑战性。

19. 尝试做一天严格的素食主义者，或者度过无糖／无谷物／无咖啡因／无酒精／无烟的一天。

列一份"生活清单"（而不是"遗愿清单"）——语言的力量很强大，这样你做任何事都是因为你想做，而不是人生苦短而不得不做（记住我们专注于什么，就会获得怎样的结果）。第八章将做进一步的阐释。

20. 对你并不喜欢做，但出于责任感而做的事情说"不"。

21. 在餐馆或咖啡馆，选择平日不会点的食物。

22. 交出控制权。你可以将平时自己决定的事交给孩子来决定，或者将工作上的控制权交给同事，让你的工作伙伴做所有的决定……你要做的就是交出平时的控制权。

23. 探索或者开始一项新爱好或兴趣。你可以参加健康俱乐部；加入兴趣小组；报名学习一门课程，比如烹饪课；参加个人发展研讨会；做社区志愿工作；参加慈善活动；参加学校的阅读计划……

24. 为自己安排个人享乐时光，可以每周都投入其中。你可以每周花几个小时随心所欲地做事情，只要对你来说是特别而放纵的。

25. 要求加薪，或者尝试砍价。

26. 询问别人喜欢你什么地方，以及他们会给你些什么建议，以便帮助你提高自己或者改善生活。然后，列出所有你喜欢自己的理由，以及你擅长的事情。

27. 创造新事物。可以是任何有助于日常生活的创新发明，尝试新食谱，写一首歌，亲手缝制衣服，为孩子制作玩具，设计一个好玩的游戏，或者开创新的事业。

28. 随机请一天假，做些不同的事。去海边玩，去电影院看场电影，去参观美术馆，去酒店住一晚，上网买打折商品……选择一些特别的事尝试去做。

29. 如果有人问你"过得怎样，今天过得好吗？"你可以给出这样的回答"非常好，谢谢！"如果他们问你为什么，你可以回答"我在创造积极的变化"。不管那天你遇到何种挑战，都这样回答——这就是体现你韧性的地方。

你做的这些事看上去似乎很琐碎，而反言之，它们看上去也非常了不起。其效果取决于你具体的焦虑、自信水平和恐惧。无论如何，以上清单会在某种程度上给你带来些挑战，也因此会帮助你培养韧性和信心，促进肾上腺素的分泌来激励你，增强你所需要的特质来打破舒适区。

我们还应考虑一下，打破界限和参与 30 天挑战计划会如何塑造你的生活……想象一下，遇见新的人，体验新事物，或者改变行为举止，将会带来什么。在任何情况下，这都会为你创造不同的吸引力法则——或许可以将你引入陌生的方向，与意料之外的人成为好朋友，与从未考虑过的前景相遇……谁知道呢？你越是推动自己向前，你体验得越多，你的前景越美好。

抛掉恐惧

利用下列表格，通过选择令你舒适的事，并让自己挑战去做相反的事，来定制属于自己的韧性培养清单。

你还可以列出所有令你害怕的事，并写下相反的情况是怎样的。然后你就可以通过设计具体的任务或挑战来克服恐惧。你所设计的抛掉恐惧的任务越有趣、越有创造性，效果则越好。

举个例子：

我的舒适区	我的恐惧／焦虑	我的任务
使自己服从他人，随大流	决策和领导——害怕犯错和令人不满	为自己指定方案，可以从自己感兴趣的事入手，练习表达自己的思想。
待在幕后，不敢抛头露面	公开演讲	与更多的人产生联系——从与更多的朋友和家人见面，到参与社区或工作上的小组。尝试在一小群人中主动开始和引导谈话。

要记住，所有的非理性恐惧都只是存在于你的头脑中。任何人的恐惧都是主观的，这就是为何有的技巧对某些人更有效。

我们心中的许多恐惧都是独一无二、与众不同的，它存在于我们的种种经历中，并深藏于我们的潜意识中。比如，当我们互相说"小心""一路平安""祝你好运""好运常在"时，我们已然做出假定，可能会发生不顺利的事，也因此会加强潜意识中的焦虑。

本书的后几章将帮助你彻底战胜这种天然的恐惧，最终使你能够实现人生的目标和价值。归根结底，唯一阻碍我们前进的就是我们自己，以及我们如何处理和应对恐惧。或许这听起来老生常谈，但是千真万确。

> 做最令你恐惧的事，恐惧也就无疑会消失。
>
> ——马克·吐温

重点回顾

- 你上一次做令你害怕的事、打破个人极限、推动自己前进是什么时候？你克服的恐惧是什么？
- 恐惧从来不是真正的问题所在——恐惧背后的原因和我们的思想才是问题所在。一个人能做到的事，另一个人也能做到，那么又有什么不同呢？
- 有几项主要原则，会确保成功的结果：
  - 意识到是你的主观现实创造了客观现实。
  - 在你的内心深处了解并感受结果。
  - 具备强大的行为灵活性和心理灵活性。
  - 生理上和心理上的自我意识。
  - 采取行动和勇于尝试。
  - 创造"改变窗"——敢于与众不同。
  - "30 天韧性培养挑战"将帮你开始调节和转变思想及行为。你可以制订属于自己的"抛掉恐惧"计划。

所有的恐惧和局限都是独特的；然而，唯一阻碍你前行的就是你自己，对每个人来说都是如此——尽管听起来像是陈词滥调，却百分之百正确！

第三章

击破恐惧：别让恐惧限制了你的行动

正如我们所知，我们之所以会难以走出舒适区、无法竭尽所能、不能获得想要结果，归根结底是因为某种恐惧，而意识到这种恐惧则是帮助我们取得成功的关键。本章将帮助你真正理解大脑和情绪的运作原理，以及我们为何会产生恐惧。

恐惧对于人和动物都是一种普遍现象。当我们本能地知道必须要保护自己免受伤害时，就会利用自然防御机制来应对危险。

在这样的情景下，我们的脑干，也被称作大脑的本能报警中心，就会指挥我们采取即时反射动作，在我们花时间思考和处理所发生的事情之前，就可保护我们免受伤害。

比如，当有大型物体朝我们靠近时，我们就会本能地躲避；当我们受到强大噪音的惊吓时，我们就会本能地跳起来；当我们瞥见滑溜溜的、可能有毒的东西，就会本能地逃跑。我们的心脏开始咚咚地跳，手掌开始出汗——这便是我们开始评估刚刚发生了什么事之后，身体和情绪状态出现的两种"恐惧"的表现。

因此，人人都有恐惧，这是确定无疑的。说实话，恐惧本身也是件好事，因为如果没有恐惧，我们可能不会存活至今。

如果不是因为我们害怕坠落，可能会一时冲动地冒险，站在高处的边缘。

类似地，如果我们不害怕失去爱的人，我们可能永远都不会感受到真正的爱，或者那样担心他们的安全。

在此，我们谈论的是本能的恐惧，是根植于我们内心深处的"战或逃"的反应，最终可以保护我们。这种反应使我们的身体释放大量的肾上腺素，我们要么逃跑，要么躲藏，要么通过战斗来保护自己。因此，当我们谈到面对和克服恐惧时，我们指的从来都不是这种本能的恐惧——那是可以帮助你保命和脱险于危急情况的本能。

我们都曾体验过自然的恐惧，那种我们需要推动自己前进、不断成长的恐惧。那种恐惧可以帮助我们培养韧性，不应被视为一件坏事，因为我们是不断进化的生物体，这种恐惧会一直存在。只是我们的责任心和大脑告诉我们要专注——有时候恐惧会与焦虑相混淆，而实际上恐惧只是一种大脑的生理反应，提醒我们要专注。

然而，我们要警觉这种自然的恐惧演变成非自然的恐惧，过分的、非理性的恐惧会阻碍我们前进而不是推动。

从本质上来讲，非理性恐惧对我们并没有积极作用。比如，害怕失去爱的人很正常，但是如果日日担心，追踪他们的一举一动，害怕自己的孤独，那就是个问题了。

恐惧——让你待在舒适区的罪魁祸首

如果我们深入钻研下去，就会发现世界上仅有两种情绪：爱和恐惧。其他的情绪都是从二者之一衍生而来。

爱	恐惧
喜悦	沮丧
幸福	愤怒
快乐	伤心
开心	受伤
兴奋	内疚
愉快	焦虑
振奋	痛苦
知足、满意	压力、担心

因此，任何一种令人讨厌的负面情绪，我们都能追溯到恐惧。让我们用焦虑举个例子。比如说为考试而焦虑，可能会与害怕失败、害怕感觉不够好、害怕得不到我们想要的有关。无论为考试而焦虑的个人原因是什么，都可以追溯到恐惧。

再举个伤心的例子，比如我们因分手而伤心，可能与害怕孤独，害怕没有人可以一起分享快乐时光，害怕不会再快乐，害怕因为自己不够好而不会获得他人青睐有关。

因此，无论其中联系看似有多么细微，所有令人讨厌的负面情绪最终都可以追溯到恐惧。

新时代恐惧

尽管恐惧会一直存在，然而在今天的社会中，似乎我们被一种永久性的恐惧文化所包围，我把其称作"新时代恐惧"。

"新时代恐惧"涉及生活的诸多方面，包括个人生活领域，常常广泛暴露在严格的审视之下，通过社交媒体或者网络信息传播。从本质上来讲，这就给了哗众取宠和不切实际的期望以可乘之机，让人深陷于虚假现实的压力泥潭而不能自拔。我们今日全天候生活在高速发展的高科技世界，使得恐惧驱动的社会特征显著增强。

恐惧在任何事情上都变得越来越明显，从政治层面到社会预期，再到广告业和市场营销：广告商和社交媒体文化不断激发各种恐惧，让人们感到自己不够富有，不够苗条，不够光彩夺目，不够有名；政治家也利用人们对于失去金钱、失去工作、恐怖主义、健康威胁、犯罪的恐惧；媒体也利用恐惧来操纵人们的思想……生活中似乎诸多领域都变得由恐惧来驱动；更糟糕的是，我们变得越来越适应这种模式。我们大多数人都不会意识到这种日益严重的文化恐惧，而潜意识地不断陷入其中，让恐惧变成常态。

这种不断在你脑海里循环往复的恐惧，最终会带来巨大的挑战。恐惧在头脑里主要以潜意识形态存在，会导致情绪的化学变化，最终在你的内心形成一种焦虑的底色，很多人都会经历这一过程而不知其原因。

因此，注意到这种潜在的恐惧文化，并且能够区分真正的恐惧和由于暴露在这种恐惧文化中而产生的恐惧便至关重要。

那么，恐惧是从何时开始变得非理性而成为问题的？

如果你的恐惧不是自然的恐惧或者适度的情绪反应，你就会发现它会妨碍你的生活，阻碍你去体验世界，令你无法发挥潜力、获得成功——这时恐惧便成了问题！我们接下来即将探讨其中的原因……

当我们面对恐惧时，大脑会发生什么变化

当我们通过任何一种感官感知到威胁时，都会激活我们大脑的杏仁核，也就是负责处理情绪反应的脑区。杏仁核是扁形杏仁状的一束神经元，深埋于大脑中。尽管对威胁进行反应涉及大脑的很多区域，然而杏仁核被认为是这一过程的催化剂，是情绪中心。

起初，杏仁核被发现是大脑的恐惧催化剂，科学家们注意到杏仁核受损的猴子会变得更加"驯服"，当遇到蛇或其他捕食者时不会表现出恐惧。从那以后的多项研究都证实了杏仁核损伤与自然恐惧反应的降低有关——当遇到需要对危险做出本能反应的情况时，这显然是很致命的。

这一发现并不限于动物界。在《当代生物学》（*Current Biology*）期刊上发表的一项研究中，爱荷华大学的研究人员对一位女士进行了研究。她患有罕见的基因疾病，这种奇怪的病损害了她的杏仁核。

科学家们研究了实验对象对可怕刺激的反应，比如鬼屋、蛇、蜘蛛和恐怖电影，并且询问她过去的创伤性经历，包括曾经威胁到生命的经历。他们发现，因为杏仁核受损，那位女士无法体验

到任何一种恐惧。

这就强调了恐惧与情绪的重要关系。当我们可以成功地控制情绪时，我们就能战胜不必要的非理性恐惧。当我们感受到真正的、理性的危险时，杏仁核就会向其他脑区（下丘脑和垂体）发出兴奋信号，以释放特定的激素：向位于肾脏上方的肾上腺发出信号，使得肾上腺向全身释放肾上腺素和皮质醇。肾上腺素引发我们在经历恐惧时的生理反应，如心跳加速、手掌出汗、呼吸急促、战栗发抖、口干舌燥和体温升高。皮质醇是一种有效的免疫系统抑制剂，可以增加血糖含量。因此，如果总是分泌大量皮质醇的话，会对身体造成危害。

当我们体验非理性恐惧而不是本能的自然反应时，大脑的另一个部分就会发挥核心作用。这便是海马体，负责存储和处理记忆，因为非理性恐惧往往来源于记忆，特别是创伤性记忆，因此便与海马体有关。海马体将恐惧信号发送给杏仁核，进而触发对恐惧的情绪反应，促使化学反应的发生，使得肾上腺分泌的肾上腺素和皮质醇遍及全身。因此，随后我们一系列的生理反应都与恐惧有关。

因此，沉浸在非理性恐惧、恐惧症和任何其他慢性压力或焦虑中，最终都会对我们的健康和幸福造成毁灭性危害。

我们需要做些什么来解决这个问题？

恐惧源自我们的思维方式。这是因为我们的思维会影响我们的情绪，进而会影响我们的行为、身体健康和获得成就。

认知行为循环

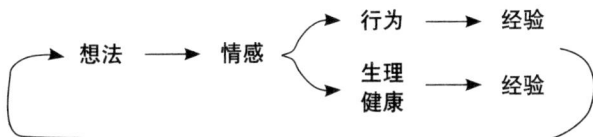

```
                    ┌──→ 行为  ──→  经验
想法  ──→  情感  ──┤
  ↑                 └──→ 生理     ──→  经验
  │                      健康
  └──────────────────────────────────────┘
```

为理解上图，请思考一下公开演讲，很多人对公开演讲的恐惧甚于对死亡的恐惧。在这种情况下：

- 你想象事情会出岔子——你可能会忘词，或者说错话，使得人们大笑或嘲弄自己。然后你就想到你可能会感到多么尴尬、羞愧或者无所适从，恨不得找个地缝钻进去。
- 这样的想法会让你充满压力、焦虑和恐惧的情绪。
- 你的身体开始相应地做出反应，通过在大脑中分泌生化物质，促使肾上腺素和皮质醇的分泌，进而诱发恐慌的身体症状出现。
- 你的行为也会相应地发生变化——你看上去注意力分散，会忘记要说的话，口干舌燥，无法清晰地表达，感到呼吸困难，无法控制思绪……
- 你会经历演讲效果不佳带来的结果：可能对工作失去兴趣，错失你曾期望的机会。
- 下次当你处在同样的情形中时，这一循环又会开始；你想象事情可能会出岔子，这种担忧因你上一次经历而加强……

然而，我们可以打破这种循环，甚至从长远角度改变大脑的生化过程。这些改变将构成我们应对任何恐惧的策略基础。然而，即便我们知道我们的恐惧是非理性的，会给我们带来损害，很多人却仍然为恐惧所束缚。这是为何呢？

非常简单，这是因为恐惧通常会以某种形式发挥更大的作用，有好的方面，也有坏的方面：

- 战胜恐惧会带来巨大的幸福感和成就感（积极原因）。
- 我们感到有更大的理由遭受恐惧（消极原因）。

急速效应——在未知领域徜徉

恐惧并不总是问题，也并不总是需要抛弃它，在某些情况下，人们甚至意识不到他们会利用恐惧的积极一面。我称之为"急速效应"——恐惧给身心带来的有趣的、快乐的、令人兴奋的、有活力的或其他积极的效应。

这一概念指的是你在肾上腺素飙升和战胜某种恐惧后获得的兴奋感及轻松感。这种感受非常普遍，从充满忐忑地排队玩过山车，到公开演讲或歌唱前的焦虑和恐惧，一旦完成这些过程，体内就会分泌大量的内啡肽，给你带来巨大的快乐。

恐惧在这个方面可以成为一种动力，帮助人们发挥出最佳水平。从本质上来讲，人们可以利用恐惧和焦虑使自己感觉良好。

这种现象在参与极限运动与刺激活动的人们当中非常普遍。

所有这些活动的共性都包括恐惧，但是急速效应带来的快感和刺激感战胜了恐惧感，因此恐惧成为人们打破舒适区的动力和诱因。

因此，当你需要面对恐惧时，急速效应可以作为很好的关注焦点；不要关注惊慌和与恐惧、焦虑有关的其他强烈的负面情绪，而是关注你在这个过程之后的美好感受——将紧张转变为期待的兴奋感，重新定义"恐惧"和关注焦点，进而做到全力以赴。

然而，对于为何我们无法摆脱恐惧，还有另外一个重要原因，我称之为"个人积极原因"，也可称作"继发获益"。

个人积极原因

这一术语指的是，尽管恐惧或疾病并不是人们想要的，有时候却仍然紧握不放，这是因为人们从恐惧或疾病中得到的积极结果更多。这种积极结果可能是得到别人的一个拥抱，获得特殊的关照，这样就能享受到被照顾的安全感；也可能是获得名人身份或者经济效益……

尽管会产生积极结果，但是紧握住恐惧或疾病不放仍然不是人们想要的。你意识到这点并能解决深层次问题则至关重要：你可以如何不通过走极端而得到所需要的呢？

区分急速效应和个人积极原因

通常在实践中，当看到我的客户有任何恐惧或局限，我就会问"你喜欢它什么地方？""它到底是一个什么问题？"来帮助他们区分所经历的恐惧种类，试图找到其根源。

这些问题会让人们感到意外，并开始改变他们的思考模式；这些问题还可以确认人们关于恐惧或焦虑的真正想法，通过阐明其代表意义来使得人们得到不同的感受。

恐惧的来源是什么

除了本能反应之外，恐惧还会源自你的思维方式。

比如有三个人都害怕坠落，但是其中一个人可能表现为恐高，第二个人可能表现为害怕飞行，第三个人可能表现为不敢挑战过山车。这是因为我们对同一事件、创伤或经历的处理方式不同。

恐惧源自我们的经历、信仰和价值观，以及我们通过感官与环境的互动和理解。

因此，我们的恐惧可能来自父母那里，来自一种教育环境或从儿时便有的信念，或者来自我们经历过的创伤。若是这种恐惧过于强烈，其带来的负面情绪便可能扩散到其他类似经历中。我们还会把对一件事的感受发展为对其他事情的恐惧。

比如说，你正在上马术课，但是有东西惊吓到了你的马，使你从马背上摔了下来，摔得很重。你过分"发散"了这一经历，开始认为所有的骑马经历都是危险的。而后你将这种感受归因于马，产生对马的强烈恐惧。

对我自己来说，我知道我对高处的厌恶源自我的祖母，因为我过去常常见到她避免去高的地方，并且她说不喜欢登高是因为高处让她感到眩晕和恶心。因此，从记事起，我就学会了害怕和避免高处。又比如，尽管我的妹妹和我在儿童时期体验过相同的创伤事件，但她发展成对医院的强烈恐惧，而我发展为健康损害——恐惧削弱了我的免疫系统，导致我患有 1 型糖尿病。

我的一个客户害怕公共厕所，这种恐惧来自她十几岁的时候曾在一间公厕中被强奸的经历。

我的合作伙伴曾经害怕大声朗读，这种恐惧来自儿时严重的阅读障碍。他曾经在学校时被强迫朗读且受到羞辱，后来发展为局限性的信念，他认为自己很"迟钝""愚蠢""不适合学术"等。

因此，你可以清晰地看到一种模式，尽管我们的经历可能非常不同，但是它们都在某种程度上妨碍了我们的生活。

现在我们已经理解了恐惧的原理，以及它存在于我们所有人心中。你或许开始理解为何我们有很多种方式来面对和战胜恐惧。然而，有一件事通常是正确的：恐惧源自我们的头脑，源自我们如何思考和回应。因此，一旦我们积极改变应对非理性恐惧的思维和方法，我们就会不受限制而取得更大的成就。下一步我们要考虑的就是为了战胜恐惧，我们需要做哪些准备。

> 如果你因为过去发生的事而生活在对未来的恐惧中，你便会对现在美好的事情视而不见。

重点回顾

- 任何阻止我们走出舒适区和打破界限的因素，最终都可归因于某种形式的恐惧。

- 世界上只有两种真正的情绪：爱和恐惧。

- 当恐惧不再是一种自然或适当的情绪反应，它就会制造麻烦，阻碍我们取得可能的成就。

- 大脑为应对恐惧会分泌某种化学物质，向全身发出信号，使人做出生理反应。当由此造成的压力被延长时，就会出现问题。

- 我们的思想会从生理角度影响我们的情绪，进而会影响身体健康和行为，影响我们在生活中取得成就。

- 非理性恐惧来自我们的个人经历、感知、信念和价值观，因此，恐惧并非无法转变，我们都可以为此采取积极的行动。

第四章

必要准备：让行动事半功倍的方法

尽管对有的人来说面对恐惧并不困难，但是如果做好了热身工作，会让表现和结果更好。首先就是要做好心理准备，以下是一些可供你使用的小窍门。

快速调整状态的方法

学会如何进入状态和采用不同的呼吸模式是两种最简单有效的技巧——它们可以立即改变你的状态。

进入状态

这一技巧被顶级专业运动员和特种部队广泛使用，非常简单有效。它帮助你以正确的方式集中注意力、放松、摆脱压力，成功地完成你的任务。如果能正确地加以练习和使用，大脑就不会接触到消极情绪——尤其是恐惧这种消极情绪。

- 盯住你前方的一个略高于视线的斑点。
- 注意到斑点的所有特征——大小、形状、颜色、用途。
- 边专注于那个斑点，边将视线向两边扩展180度观察周围视野中有什么。

- 用鼻子深吸一口气（数到5），用嘴深呼一口气（数到5）。想象并感觉你的呼吸像海水一样涌遍你的全身，向每个细胞输氧，带来生命的活力。
- 重复"精力充沛，焕然一新"这句话。
- 然后想象一束光线和能量穿过地板，遍布你全身；当光线闪耀时，你感到身体充满能量，平静且放松。

呼吸技巧

显然，呼吸是我们每时每刻都要做的事；但一般来说，呼吸是自然而然的事，我们不会过多在意它——直到你因为情绪起伏过大而感受到它的存在，比如惊恐发作、焦虑、生气，当然还有恐惧。然而，通过积极关注呼吸，我们可以明显地改善健康状况，以及我们的情绪和身体状态。

我们身体的细胞会进行呼吸。在这一过程中，营养物质会与氧气一起燃烧并释放能量；如果氧气供应不足，这一过程就会失去平衡，我们的细胞（甚至器官）就不能达到最佳的运作效果。因此，大脑缺氧可能会导致脑损伤甚至死亡。相反地，如果我们花时间来关注一下呼吸过程，就可以增加能量，使细胞运作最优化，达到最佳健康状态，保持平静和健康。

经常练习以下呼吸技巧益处良多。当处于压力或惊慌的情况下，这些呼吸技巧可以帮助我们正常呼吸。如果当你练习这些技巧时感到眩晕，就停下来调整一下呼吸，花几分钟静坐一会儿，小口喝几口水。

用鼻子深吸气（数到 4），然后用嘴深呼气（数到 4）来控制你的呼吸。在头脑中想象画一个圈或钟表，从 12 点开始，然后在 3 点、6 点、9 点处画上呼吸，最后回到 12 点。

你可以尝试以下呼吸方法来获得充满生命力的、平静的能量：

海洋式呼吸

用鼻子深吸气，再用嘴深呼气，想象你在用哈气使一面镜子变模糊，只不过做这种呼吸时嘴张开的幅度要小。有节奏地持续这样呼吸，就像海浪翻滚的声音。重复这个过程 5 分钟。

现在深呼吸 3 次，并改为下一种呼吸：

火焰式呼吸

用鼻子快速呼吸，好像你在不断闻气味，用腹部作为"泵"。重复这个过程 5 分钟。

现在放松一下，关注你全身的感觉，并舒展身体——你可能会感受到自己更加充满活力、平静和放松。你甚至会感受到一种遍布全身的刺痛感，这是正常现象。

思维变了，一切都会改变

当你开始改变思考问题的方式时，你思考的事情就开始发生变化，然后你就可以体验到不同的结果。

前面提到我曾患有严重的恐高症，但我最终战胜了这种恐惧，因为我要在一栋摩天大楼的顶层做一场培训。但我不得不承认，要不是根据合约我必须做培训，不能让所有已到场的观众等着我，否则的话，我很有可能让别人代替我了。

因此，到底是什么让我直面恐惧了呢？

非常简单，是改变了与以往不同的思维。

我们每个人做任何事都是出于价值观——什么对我们是重要的。这给了我们动力去采取行动。以我为例，责任感和职业自律对我来说至关重要，因此当时我并不仅仅是对自己负责，促使我做出决定的还有很多其他因素。换言之，如果我不那样做，失望的不仅是我自己，还有很多其他人，甚至会带来长远的影响。

这就意味着曾经无法想象的事情变成准备好去面对，我义无反顾地去做了，仅仅是因为我的思维改变了，其他的并没有什么不同。

这最终可以归结为我不再只专注于自己和紧张，而是能想到其他人和其他方面。

因此，改变思维是改变我们感受的关键，因此，我们可以突然改变行为。我们讨论的所有方法都从采取不同的思维模式开始。

请记住，让我们战胜某种恐惧，打破舒适区的三种方式之一就是将自己置于别无选择的境地，只能去做令我们恐惧的事；要实现这个目标，我们就要采取小的步骤，培养韧性，把我们的任何恐惧都转变为在公园散步，这样就能集中精力关注急速效应。

重新架构

重新架构的意思是以不同角度来看待问题,以不同思维来思考问题。从本质上来讲,重新架构可以改变我们看待事情的方式,从积极、富有建设性的角度来看待问题。以下是一个经典的例子:

我曾经遇到一位患有严重抑郁症的女士,她非常害怕死亡。因此(令她吃惊的是)我对她说的第一件事就是:"那太棒了!至少我们知道你没有自杀的危险;这样来说,你的这种恐惧还颇有用处呢!"然后,她随即露出微笑,并改变了对于"既害怕死亡又害怕活着"这一挑战的思维方式——不久以后,她的这两种想法就相互抵消了。结果,她现在成为一位非常健康、快乐的女士,积极地拥抱生活。

想象一下,你可能会怀疑某件事,被许多负面思想所包围,很快就产生了一种非常不适的崩溃感;这种状态随后会变得失控,阻碍你做那些令你恐惧或焦虑的事,最终让你无法取得想要的结果。

这种经历非常可怕,但是我们大多数人可能都体验过。战胜恐惧的一个简单方法就是认真练习,直到成为第二天性,我称其为"清理假设":认真清理那些分散你注意力的混乱意识。以下便是具体方法:

写下或大声说出你的"假设"恐惧或局限，例如：

- 假设我不够好怎么办？

- 假设我失败怎么办？

- 假设我出丑，令人大笑，然后我感到非常尴尬或丢脸怎么办？

- 假设我资金不足怎么办？

- 假设人们会觉得我另类、愚蠢、疯狂……怎么办？

无论你的假设是什么，或大或小，都没有关系；这些假设阻止了你释放能量，实现你的目标。请把它们都记下来，并且记录其背后的负面情绪——可能包括尴尬、丢脸、失望、悲伤……

然后问问自己：

- "假设……可能发生的最坏结果是什么？"是否真的会对生活造成影响？

- "我第一次感受到这种负面情绪是什么时候，它与什么重要事件有关？"比如，你是否曾经因做错事而感到尴尬或丢脸？想想任何相关的事，无论看上去多么不值一提或无关紧要。

关于第一点，你可能猜测无论最坏的结果是什么，都不会威胁到你的生命。否则，你可能要应对理性恐惧。

关于第二点，现在先把答案记在心里，第六章的技巧将帮你去除任何最终导致那些假设的根源恐惧。

让我们回到第一点……

- 理性地思考假设可能意味着什么，翻转思维去看看事情的反面，进而清除头脑中那些假设的想法。
- 假设你足够好，完全会成功呢？
- 假设没有失败这回事，你把所有事情都看作有建设性的反馈，推动你不断尝试和前进呢？
- 去追求你想要的，相信自己并竭尽全力有什么可尴尬的呢？
- 假设你资金不足，又怎么样呢？你足智多谋，只是在等待恰当的投资者和机会来展示自己的聪明才智，最后二者会更好地服务于你。
- 假设他人的那些负面或评判性观点只是他们自己的主观投射和局限，使他们仅仅显得比你懂得更多呢？
- 假设有很多人都帮助和支持你，只要你已做好足够的准备呢？第六章到第八章有关于这点的更多阐释。
- 当你开始做出上述假设时，你会发现那些负面想法烟消云散了。当你的思维模式和信念发生改变时，你就会解决掉那些储存在体内的负能量，你生活中的人和事都开始发生积极变化——这样的变化真令人兴奋。

- 你不仅可以通过积极改变假设来改变某种情况，也可以积极探索解决方案。这将你的关注点从担忧转向积极去寻找机会，积极看待事物的另一面。

- 不是接受你在某个领域不够好的事实，而是想如果接受一些额外的培训将会发生什么呢——你需要学习什么？做些什么？这会把你引向何方？

- 如果以上不可行，寻求他人的帮助对你是否有意义？这样可以让你有额外的时间在其他领域做得更好，也可能会给你提供一个提升自己的机会。

- 不要认为没人可以资助你，而是要认为"恰当的人会帮助我的"。尽管拉投资通常是件富有挑战的事，但并不是没人感兴趣或者不能实现，而是因为正确的投资人或投资机构还没有出现，时机尚未成熟，或者你需要在机会来临之前学得更多，做得更好。因此要反思自己是否存在无意识的限制性想法，比如"我不值得拥有"或者"我不配或不能得到投资"。

因此，与其简单地认为和接受你无法获得投资，不如想一想要获得投资，你还需要做些什么。第六章到第八章将帮你分析这种深刻的自我意识，并揭示出阻碍你的潜在因素——这是一个至关重要的、富有启迪的过程。

- 你还可以改变看待事情的角度，以尴尬为例，放弃你所追求的不是比全心全意投入更加尴尬吗？

如何打破根深蒂固的惯性思维

如果你已经表现某种恐惧很长时间了，那你可能就养成了用一种习惯的方式来思考——正如我们所知，思想影响情绪，而情绪支配行为。因为他人已经熟知我们会表现出某种恐惧、恐惧症或行为，所以会期待我们的某种特定反应，我们有时候感到自己不得不去迎合这种期待，进而引发某种情绪。然而，我们还是可以很快改变这种状态，从以下几个方面改变我们看待事情的方式：

- 考虑你的恐惧或局限意味着什么——你从中可以学到什么积极的内容？你从中可以学到怎样的生活经验？你可以从中获得怎样的积极资源？
- 下表是一些词汇的其他含义。如果你注意到自己正在使用产生怀疑的语言，你可以采取行动，做出改变，将令人灰心丧气的恐惧语言变成激励人心的积极话语。以下面的语言更换表作为参考。

语言更换表

负面语言	替代性激励语言
紧张	期望和兴奋
问题	挑战和机遇
我不能	如果……我就可以
不是我的错	我的责任在哪?
我很焦虑	我意识到了并且会尽职尽责
我不满意	我正在寻找焦点和目标
灾难	机遇 / 学习
生活很挣扎	生活是一场冒险
我希望	我知道,我相信
要是……我就会	下一次我就能学会并且知道……
我被困住了	我的应变能力很强
真糟糕	我从中学到许多或专注于寻求帮助
我无能为力	我富有创造力
我老了,不如当年	我拥有丰富而宝贵的经验
我怨恨很多	我通过理解"为什么"而宽恕
我很空虚	我可以充满成就感
我很孤独	我心态开放,有很好的人际关系
这花费得太多了	这是一种投资,会产生价值
我需要控制	我可以信任,顺其自然
至少……	……太棒了

- 通过改变恐惧的语境,是否能让你的感受变得积极呢? 比
  如说,你害怕小丑。你是否可以通过在慈善活动上自己扮
  演小丑来克服这种恐惧? 你会害怕自己吗? 你是否能表现
  得幽默并乐在其中,同时还能为慈善筹款?

自我反省

当你在任何情境下感到害怕或者离开舒适区，自我反省都可以真正帮助你正确看待事物。在某些情况下，自我反省可以通过将你带到问题核心而彻底解决问题。你透过问题表面，运用演绎法（逐渐抽丝剥茧，将问题分解）直达问题核心。这就使得你可以看出有些事根本不算问题，激励你直接面对并尝试战胜任何挑战。

自我反省的问题：

- 这件事真的重要吗？在人生长河中真的重要吗？这种压力／焦虑／恐惧值得牺牲我的健康吗？

- 如果我的生命只剩下一天，我还会如此恐惧，在这上面浪费时间吗？

- 我现在感到压力或是没有压力，感到恐惧或是没有恐惧，会有什么不同吗？

- 如果某事注定要发生，恐惧又有什么用呢？在这种情况下，我最好采取有效的行动来取得最好的结果。

- 我的关注点是否正确？我的主要目标和意图是什么——更大的愿景是什么？压力和恐惧是否能帮助我关注正确的方面？请不要忘了本书第二章的那座拐角处的房子，我们关注什么，就会看到什么。

- 这件事真的是个问题吗？到底是什么阻止我解决问题，继续前行？
- 我是否足够灵活多变？我能做些什么？我可以利用哪些可行资源？我要感激什么？
- 恐惧是否只是浪费生命？恐惧是否可能成为好事？我是否能以健康的方式享受其好的方面？

改变关注点

给大脑以积极的信息和暗示，而不是（像很多人那样）片面地认为"我做不到！"

重复一些积极而有趣的话，或者仅仅是一些分散你负面情绪的无聊的话：

- "开心地把它做完……去做，现在就去做！叮，叮！"
- "狭路相逢勇者胜！"
- "管它呢，去做就是了！"

越有创造力越好——尝试用滑稽的嗓音和口音来说这些话。你还可以使用其他喜欢的或偶然看到的名言。

创造一种结果

给自己一个奖赏，如一直期待的东西；或者告诉自己，做到某件事，就犒劳一下自己。

让自己富有责任感

将自己打算做的事告诉别人，这样你就更有压力去完成它，不容易半途而废。你可能打算为慈善、你的老板或者你的朋友做些事，或者仅仅是用社交媒体公开某事。

这种策略，将你置于别无选择、只能去做的境地。

模仿某人

假装成为某个你认为自信、无畏、幽默的人（也可以是其他你敬佩、喜欢的人）。模仿他们所有积极的态度，包括他们的外表，他们如何控制自己，他们的价值观和对待事情的态度。你模仿和练习的时间越长就会越来越像他们！

你可以模仿一下奥普拉·温弗瑞的勇敢态度，富有能量、动力和决心，并做出积极改变。

或者你可以选择模仿认识的或者钦佩的人。可以用一种幽默的方式，如果那样能帮你进入状态。

如果模仿他人对你来说有点难以接受，就试着向真实生活、电视节目、电影中或其他任何地方遇到的值得钦佩的人学习。即便是短暂的学习，也会带来神经系统的改变，因为在模仿的过程中你会释放化学物质，带来生理的改变。这足以使你的情绪和行为发生改变，或者给你带来实现某事的动力。

积极利用音乐

听那些可以真正激发和培养积极情绪的音乐——如果你想感受到无与伦比的振奋感，可以试着听听《洛奇》[1]的佩乐。听起来好像有点俗套，但是很多人用音乐来训练确实有一定的道理。音乐可以真正触发一种情绪，改变你的状态，可以在潜意识层面激励你。音乐甚至可以改变你的脑波，进而改变你的心理状态。北卡罗来纳州的杜克大学进行的脑电图研究得出结论，双音节拍有影响情绪和表现的潜力。

双音节拍（同一声音的两个略有差异的频率通过耳机传入双耳）通过匹配整体声音频率和人们处于最佳状态时的脑波及心跳，来平衡左右两个大脑半球。因此，可以专门设计出音乐来减缓脑波，将我们带入理想的意识状态来放松、聚焦目标、提升表现、学习、冥想、治愈、睡眠和改变行为。

此外，哈佛医学院、美国国立卫生研究院和《当代心理学》研究发现，双音节拍、脑波夹带（改变脑波来放松或专注）、引导冥想和积极潜意识信息（嵌入大脑中的建议）可带来深刻的影响和益处，值得进行研究。

改变你的环境

改变你的环境可以从两个重要方面有效改变你的思维方式：

---

1. 史泰龙主演的一部电影。

- 通过利用你的全部感官来想象你正处在一个安全、好玩、快乐的地方。这将自动触发你的积极情绪，因此可以改变你的思维，进而改变你的感受和后续行为。在后面将对这种技巧（我将之称作使用"资源锚"）做进一步解释。

- 确保你所处环境中的人们都具有积极和鼓舞的本质，因为消极情绪可以繁殖，恐惧也一样。因此，如果你周围的人也与你有同样的恐惧、恐惧症，或者对某些事情缺乏信心，只会加剧你的负面感受。

然而，如果你周围都是积极主动的人，将会鼓励你积极看待事情，培养一种不同的视角。积极情绪可以滋养积极情绪。

为了理解这一原理，我们想象一下，两位陌生环境恐惧症患者生活在一起，那么他们有多大概率会出门呢？相反，如果一位陌生环境恐惧症患者与积极、主动的人生活在一起，很有可能这位积极的朋友会鼓励他多出门。

创造强大的资源锚——积极触发器

"锚"或"触发器"是特定的物理刺激（一个物品、一首音乐、一种味道、一种气味或一种行为），即可以自动刺激我们思考和感受的特定反应；它可以引起特定的情绪、记忆和联想，使我们做出相应反应。这自然会给我们的思维状态带来积极或消极的影响。

一个常见的例子就是当特定的歌曲（刺激）在收音机上响起，

我们会自动地感到快乐、活力、哀愁或者悲伤，因为在内心深处，我们将这首歌与某种具体的、突显出来的经历联系在一起，这样这首歌就与我们有了特殊的联系。比如，当你年轻时听到某首歌，可能会激起你快乐的情绪。同样的歌如果在一位家庭成员的葬礼上播放，则会激起你忧郁的情绪。

因此，我们可以通过创造"积极锚"在任何时候唤起我们喜欢的任何感觉，通常是镇静和乐观。积极锚可以用来帮助改变我们的思维状态——当然，在很多情况下可以改变我们取得的结果。

- 首先，闭上眼睛，进行深呼吸（用鼻子吸气，用嘴呼气）来放缓呼吸节奏。当你放松时，你的心率也会减慢。当你越来越放松，感受氧气缓缓流经你的整个身体，让意识中的杂乱因素慢慢地淡出你的脑海。
- 现在，回忆某个你感到放松、镇静、自信、满足和快乐的时光——可能是某次愉快的度假、泡温泉、在花园里赏花，或者任何对你有用的经历。

用你的双眼去看到那样的景象，就好像正在你眼前发生一样。

- 看到你曾经看到的景象。

- 听到你曾经听到的声音。

- 感受你当时镇静、放松和自信的感觉。

- 闻到当时环境中的气味——尤其是清新的海边空气的味道、青草味、防晒霜的味道、花香味、食物香味等。

- 回味你曾经尝过的味道。

- 通过这种方式利用你全部感官来再次感受那段时光，好像现在正在发生。

- 你沉浸在这种经历中，再一次切身感受到它。当你的感受最强烈时，将拇指和食指紧紧捏在一起。

- 当你想象的这种场景慢慢退去，将手指放开，睁开双眼。

你刚刚创造了一个积极、镇静的锚（积极触发器），每当你感到压力时，都可以用这种方法来产生积极感受。

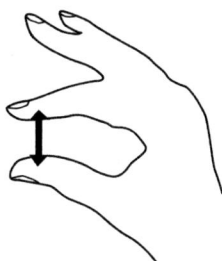

你所要做的就是将拇指和食指捏在一起，然后这种身体行为可以自动触发当时的积极感受，和你最初与其关联的经历有关。

如果其他触发器对你来说效果更好，比如气味或音乐，你也可以随身携带一块布或手绢上喷上或抹上这种气味。在任何需要的时候，你都可以用它来激发积极的感受。

有时候，我喷上某种香水，因为它可以让我想起一段愉快的记忆或一个我喜欢的地方；它可以激发我积极、镇静和快乐的感受。类似地，你也可以在手机上下载喜欢的音乐，随时可以打开，快速地改变你的状态。

你还有一种积极锚可以使用，我称之为"感恩石"。你可以随身携带一块石头——从地上、花园里捡的普通石头，或者一块宝石都可以；任何你感到对你有意义的石头——每次你摸到它，想想积极、快乐、令你感激的事。事情可大可小，只要对你有特殊的意义。这样做可以强化你的积极关注。

形象化

形象化是一种非常强大的技巧，如果能对其进行充分的理解和恰当的应用，则可产生奇妙的结果。当我们的大脑用图形来思考，并用全部感官来创造记忆时，使用强大的想象可以将积极信息深深刻入我们的神经系统，并产生生理变化。

通过使用正电子发射断层扫描技术进行的研究，我们了解到，通过强大的神经递质的作用，无论被试者是在生动地想象还是亲身体验某事，大脑的相同区域都会被激活；神经放电和化学物质释放是如此相似，以至于大脑能够以相同的方式来影响身体。

换言之，负责保持身体不间断自动运行的大脑区域无法区分真实与非真实的场景。

如果你曾经做过非常真实、逼真的梦，醒来时哭了、笑了、感到激动或不安，那么你就体验过这种感觉。尽管那只是一个梦而已，却激发了身体反应，因为你的身体相信它是真的，并且做出相应的反应。你可能还会怀疑，梦里的情景是否真实发生过？

在很多情况下，当我们置身于舒适区外，都可以广泛使用形象化作为强大的工具。形象化可以在治愈的过程中帮助我们，激发生理变化，比如体温控制、振奋情绪、实现目标。这是因为当我们清楚、详细地想象某事时，我们的大脑就会指示身体相应地做出身体反应，并做出必要的改变。

德克萨斯大学放射学家卡尔·西蒙顿记录了一个特殊的案例，案例的主人公是一位 61 岁的男士，他曾被确诊患有喉癌。癌症扩散得很快，那位男士几乎无法吞咽食物，他的体重下降到 98 磅[1]。他的预后诊断情况不容乐观：医生说他在治疗后仅有 5% 的存活概率，并认为他的治疗效果不会很好，因为他已经非常虚弱了。

西蒙顿医生很好奇是否能找到一种利用形象化的心理学方法。他建议那位病人想象自己的免疫系统正在攻击癌症，将癌细胞清除体内，并用健康细胞取代癌细胞。病人采用了这种形象化的方法，在一天中每隔一段时间就这样做一次。在那不久后，肿瘤开始缩小，那位病人对放射治疗的反应几乎没有副作用。两个月以后，肿瘤竟然神奇地完全消失了！

这是利用思维的力量成功康复的一个例子，这表明积极的心态和信念可以成就任何可能。那位病人继续用形象化的方法治愈了他的关节炎，并且在随后 6 年的追踪期里，关节炎再没有复发，

---

1. 98 磅约为 44 公斤。

从此他过上了健康的正常生活。想象一下，如果他任由恐惧挡住康复之路，现在他的生活应该会是另一番模样。

在我的专业实践中，我们见过客户利用本书中描述的形象化技巧，从各种各样的恐惧中康复过来。

诺曼·卡曾斯（在治愈和心理学领域都取得巨大的个人和专业上的成功）曾说，"人类大脑可以将观念和希望转换成现实"，这对我们的经历有至关重要的影响。同理这种功能也适用于恐惧，无论心理上还是身体上的不健康，都可能因恐惧而产生、放大。

第六章将提到更多形象化技巧，帮助你释放更深层次的恐惧。而这里的简单形象化技巧可以帮助你应对焦虑和恐惧，在任何需要的时候都能简单地应用。

具体而言，在令你焦虑或紧张的具体事件发生之后，你只需在头脑中清晰地想象一次巨大的成功，你做得非常好，并获得了你想要结果！

确保你真正进入了想象的场景。比如，用你的双眼去看应该看到的，就好像你此时正在经历这种场景；用双耳去倾听你能听到的，听听人们正在谈论什么，你在对自己或对别人说什么。最终，去真正感受你可以感受的积极情绪——所有那些美好的、温暖和满足的感受。准备好努力争取——毫无保留地去获得成功！

现在将这种感受印在你的脑海里，让成功的感觉停留在那里。

现在回到当下，专注于成功的结果。请记住：你会吸引你所专注的，所以要保持积极的态度。预想你想要的结果，采取实际的、切实的行动去尽力实现。一定要记住，在想象某件成功事件的同时，也要采取必要的、实际的行动来实现它。

比如，当我被邀请到阿拉伯联合酋长国教授一门培训课程时，我提前想象这次培训取得了巨大成功。然而，我仍然需要做足所有必要的准备来实现这一愿景，比如制作幻灯片课件、编写精彩的课程内容等。通过想象成功的场景，我知道自己想要的结果，这就使得我将感到的焦虑转化成正能量，让我能够表现出最佳水平，而不是忘词或者将本应精彩的培训弄得一团糟。

总之，想象成功可以促使我们采取必要的步骤来确保成功。如果你这样做了，就可以成功地将任何焦虑转化成正能量，取得成功的结果。

改变内部表征

尝试将紧张和焦虑的感觉转化为兴奋感。

将恐惧仅仅看作要克服的挑战和培养决心的测试。

表现你的魅力，不要在意恐惧——因为你可以做到。

请记住，只有自然恐惧可以保护你，其他恐惧对你都没有好处。恐惧会让你退缩不前，阻止你成功。你当然值得拥有更好的结果！

通过利用所有的资源，你很快就能打造属于自己的工具包，能够对任何恐惧或者焦虑的事做最好的心理准备。

然而，一定要记住，焦虑也可能是有用的，它在潜意识里帮助我们更好地集中注意力。你拥有了所有必备的工具，现在可以积极地专注于正能量了。你真的可以变得无可阻挡！

为问题创造一个比较框架

通常当我们认为某事是一个比实际更大的问题时，都会创造一种与客观现实不同的主观现实。在这种情况下，创造比较框架就可以帮助我们换一个角度考虑问题，因此可以更积极地做出反应。

常言道，"总有比你更糟的人"。联想到现实中，不如你的人可以帮助你感激现在所拥有的，让你知道可以应对所面临的问题。

在糟糕的事发生以后（比如英国曼彻斯特自杀性爆炸事件、纽约9•11恐怖袭击事件，或者其他任何地方发生的灾难），人们的关注点会从在意自己转向关心和帮助他人。在这种情况下，他们个人的挑战会在对比之下黯然失色。个人问题似乎变得没有意义、不再重要。

这是一种极端的场景。但是重点在于，有时特定的事件可以使其他的事情突然间变得似乎没那么重要了。比如，当孩子们在我们周围，或者一件私事占据你的内心，会暂时令你工作上的烦恼不再重要。

我接触的客户中，有的患有抑郁症或者癌症，这会帮助我重新审视自己的生活。

当你确实感到某事是一个问题时，它就会引起你的焦虑。重要的是，要避免陷入其中，别让你的精力白白被消耗，因为持续地关注只会让它不断"生长"。你在第八章可以看到，为何给予负面事情越多的关注，就会吸引越多的负面能量。只有将我们自己带出问题存在的环境，才能以不同的眼光看待问题，找到解决方案。

要么忘记一切，逃跑；要么面对一切，奋起。

——金克拉

重点回顾

- 使用外围视觉技巧和呼吸技巧可以帮助我们快速集中注意力，进入状态，带来更好的表现。
- 当我们改变思考问题的方式时，我们思考的事情就会发生变化——产生的结果也就大不相同！
- 如果意识到并清除内心的各种"假设"，我们就可以彻底摆脱恐惧。
- 有很多方法可以"重新架构"情况，我们可以采用不同的方式积极思考和感受。
- 你有足够的智慧和资源来解决任何横在路上的麻烦。因此，你总能够解决它，并以正确的心态来应对。

第五章

积极心态：不会退缩的秘密

心态决定一切。它决定我们的性格、我们选择的道路，以及我们取得的结果。通过采用本章中的概念和建议，以及本书中的各种资源，你可以利用自身的强大优势，锻造出坚不可摧的心态，确保你在面对任何生活中的挑战时，都能有最出色的表现。

一个令人难以置信的例子就是托米·韦素，他是 2003 年上映的电影《房间》（*The Room*）的制作人、导演、主演和投资人，这部电影被普遍认为是"史上最烂的电影"。而重点是，韦素下定决心要出名，不管他遇到任何挑战（即便他根本就不擅长！），无论批评家和怀疑者说什么。结果，《房间》这部"史上最烂的电影"竟然有了广泛的话题度，还有一部广受好评的电影被拍摄出来，讲述的就是关于它的故事，那就是 2007 年上映的《灾难艺术家》（*The Disaster Artist*）。似乎是因为韦素践行了吸引力法则，他不可动摇的决心和对自己的信念，决定了他的焦点和精力放在哪里，因此决定了他能将正能量吸引到自己身上，哪怕困难重重。韦素知道他想要什么，并且获得了成功——无论你认为他的电影是好是坏，还是平庸，他就是取得了想要的知名度！

你可以上网搜索《灾难艺术家》的主演塞斯·罗根在美国电视节目《赛斯梅尔深夜秀》中谈论《灾难艺术家》这部电影的采访

视频。他对韦素这个角色的看法将会印证为何本章中的观点会产生如此大的影响。

坚不可摧的心态是如何炼成的

如果你总是能控制自己的思想和身体，那么你就会知道通过你的选择、你的思维和行动，也同样能控制最终的结果。

一个重要的问题就是，如果你都不能控制自己的思想，那谁又能控制呢？如果我们对任何所做的事都负责任，那么我们就总能拥有让事情朝我们希望的方向发展的力量。但是如果因为没有得到想要的结果，我们就去寻找客观原因，那么很快就会失去对事情的控制，对积极改变感到无力。

请记住：找理由相当于把自己看作受害者，而自己负责相当于拥有改变的力量。

尽管的确存在我们掌控之外的客观因素，但我们至少能控制自己的思想，控制我们如何思考、如何行动；这样做能帮助我们掌控客观因素，使其与我们内部核心信念一致。阅读本书就是你可以做出积极的内部和外部改变的有力证据。继续努力，一定会实现！

保持卓越

保持卓越，我的意思是通过控制内心思想来控制客观表现和反应，进而控制最终取得的结果。

通过积极保持内在思维过程来保持灵活的状态，尽管我们会感到累、有压力，但我们总能让事情朝好的方向发展，尽力取得最好的结果。世界上最成功的人——无论是总统、紧急服务人员，还是奥运会金牌得主——都能保持心理和身体上的卓越状态。

2018 年韩国平昌冬奥会钢架雪车女子单人座比赛期间，英国选手利齐·亚诺就是一个很好的例子。在赛前，她患上了严重的胸部感染；她变得呼吸困难，很难完成跑步练习，似乎无法参加比赛了。然而，在强大勇气和动力的支撑下，她决定尽力一试。最后，她竟然获得了金牌！

永远不要害怕改变

只要我们想改变，我们就能做出很大改变——当我们自身改变时，就会发现周围的世界也会随之改变。没有改变，我们就无法取得不一样的结果。积极的改变对生活来说是必不可少的，它能推动我们不断向前。阿尔伯特·爱因斯坦曾经这样完美地总结道："精神错乱的定义就是重复做同样的事，却期待不同的结果。"

改变是我们面临的最大恐惧之一。改变并不总是舒服的，它通常会伴有不确定性（而确定性是人类的一种心理需求）。因此，当谈到改变，我们很容易感到压力，这是可以理解的。然而，改变也是推动我们不断向前的动力。如果我们改变，我们周围的一切也随之改变，包括我们所取得的结果。在任何情况下，如果事情的结果并非我们所愿，我们可以努力再次改变它，直到得到我们想要的结果。

积极计划

在一天开始时，花几分钟认真思考一下你今天想要收获什么，这很重要；也就是说，认真思考你今天想要得到的结果，而不是重复做昨天的事，漫无目的地按照惯性行事。

进入一种放松和专注的状态，正如第四章中所描述的那样，然后想一想如下问题：

- 你今天想要达到什么目标？
- 今天需要怎样度过才能实现这个目标？
- 你可以采取哪些步骤朝终极目标迈进？

成为重新架构大师——以不同角度看待负面事物

想想你可以如何扭转不利局面。这并不是说坏的或负面的事不会发生；而是当它发生时，你如何以不同角度看待它，你可以做些什么来扭转它。你可以通过以下方法来做到：

- 在任何情况下都寻找积极因素。
- 想想自己如何采取积极行动。

- 考虑所有的可能性，或者下一步最好的选择。

- 对于别人做的任何事都去考虑其意图，而不是专注于他们的行为。

- 以幽默态度对待任何情况。

- 以哲学观点看待问题，你从中可以学到什么积极的经验？

我从小就开始学习从不同的角度思考问题，我发现即使当负面事物出现时，它也可以帮你保持良好的心态。

举个例子，几年前的一个周日清晨，我的血糖非常低，以至于突然变得非常暴躁，被送进医院后，需要几个壮汉才能将我固定住。我躺在床上，穿着生日服装，不由自主地出汗并颤抖着。这次病情突发来势汹汹，我被注射了直肠安定（一种弱安定剂）。我醒来后发现我的伴侣和三个医务人员在卧室里围着我。如果我曾经感到过尴尬，并害怕在睡眠中死去，无疑就是那一次了！那次发病持续了一段时间，我非常疲惫（在健身房里都没那么累过）。

但我没有深陷其中，整天坐在那里等待恢复，或者让思绪久久不能散去，我也没有表现出对睡觉的恐惧。我通过开玩笑说自己刚才给医务人员献上了一场精彩的演出，我很快就调整了状态。我们喝了茶，闲谈了一会儿，一方面是为了让医务人员放心，我已经没问题了，另一方面也让大家从刚才的紧急情况中得以放松下来。

虽然一开始感到尴尬，但我及时反思了这段经历，并积极专注于这个事实——我还活着并且活得很好。重新建构，我从这次严重事件中学到了所有积极的经验。

确保你被积极影响所包围

众所周知，我们周围的人和环境对我们如何思考、感受和行动具有重大影响，甚至可以说，成也环境，败也环境。如果我们和某些人相处或处理某些事时间足够长，我们常常会产生好感。因此，确保我们被积极的、支持性的、鼓舞的、成功的人和环境所包围，这样就会有一种健康的心态和氛围。同样地，消极氛围也会像野火一样传播，而我们在工作场所常常能感受到消极氛围的存在，它可以导致工作环境只能让人存活下去，而无法茁壮成长。

最积极、最成功、最健康的人倾向于和与自己同类的团体相处。牢记这一点可以令你以最佳的方式支持自己。恐惧只会滋养恐惧——你是否还记得第四章提到的两个陌生环境恐惧症患者住在一起的故事？

抛弃你的压抑感——它没有任何积极作用

压抑感与对某事的深层次的恐惧有关。我们已经知道，除非是自然恐惧，或者保护性的"打或逃"的反应，恐惧没有任何积极作用。因此，压抑感只会令我们裹足不前。第四章到第六章提供了很多方法，可以帮助你意识到并抛弃压抑感和限制感。这可以帮助你大大改善生活，并实现目标。

拥抱你的错误

永远都不要害怕犯错，对错误久久不能释怀，或者过分掩饰错误，这样只会给你造成限制。如果我们从不犯错，就意味着我们从未尝试新事物。实际上，我们犯错以后才能真正地学习。从错误当中积极地学习，可以帮助我们成功地前行，并避免今后再犯同样的错误。

拥有完善的信念系统

如果我们想要做某事，最重要的就是全心全意地相信我们想要的、我们所做的，以及拥有信念的勇气。这样我们就能拥有动力、内驱力和毅力来坚持下去，直到取得我们想要的结果。生活中总会布满坎坷和挑战，但是我们具有所向披靡的韧性和耐心，以及洞悉事物的能力，并能够找到解决方法，获得想要的结果。从这个角度讲，耐心、毅力和强大的信念系统，能真正帮助我们取得成功。

拥有强大的信念系统关系到我们对自己的内心期待，因此影响到我们所吸引的事物。比如，你是否相信自己会有好事发生？你是否相信自己足够好？你是否需要在成功之前经历挑战？你是否需要辛苦工作来赚钱？

如果以上任何表述回应了你内心深处的想法，你就需要培养足够的自我意识来发掘根源，整理思想。

学会感恩

列出生活中所有令你感激的事。这样会帮助你积极转变心态，与宇宙法则相一致，你也会开始吸引更多类似的事。

怡然自得地做自己

要避免贴标签，诸如"同性恋""变性人""素食主义者""焦虑症患者""糖尿病病人"等。你长期表现一种行为、情况、想法或情绪，并不意味着它是静止的、无法改变的。请记住，一切都始于一种想法！

生活中可能有很多令我们恐惧的事，并且从专业角度来讲，我看到如此多的人由于曾经的可怕经历而害怕做自己。但关键是让这些经历成就你，而不是消耗你，不要让它们成为你前行的障碍，或是定义你的未来。那样会让你专注于错的事物；那些经历和标签会消耗你，并让你无法专注于做自己。如果任何人与你有矛盾，而你的恐惧与此有关，实际上那是对方的问题，因为它最终与他们不喜欢自己的某个方面有关，或者无法控制自己——甚至表明你是他们想成为的那种人，或者你具备他们想要的某种特质，但是他们感到自己无法做到。或者简单来说，你身上的某些特质与他们的价值观相冲突。对此你无能为力，也不需要处理，去享受做自己，并尽力而为就好。

跳出固有思维来适应和克服

你要足够灵活，才能找到其他途径来实现同样的结果，取得你想要的结果。探索你可以想到的每一种可能性。任何事都有多于一种的解决方法，没有什么可以阻止你，尤其是非理性恐惧或根深蒂固的局限性。

这些问题可以帮助你跳出固有思维："这是一种什么样的方法？""还有没有别的方法？"你由此可以产生其他想法。

珍视所有经历并增长智慧

珍视所有经历非常重要，因为它们塑造了我们的性格、思想和未来。

无论是好的经历还是坏的经历，都是我们学习的途径，而性格则会影响我们的行为。持续学习非常重要，这意味着我们在不断进步，积极生活。如果我们不以开放的心态持续学习和体验新事物，就不会发展、成长和发现新机会。相反，不学习我们就会落后和退步。

很明显，有的经历并不那么好；但是我们可以尽可能做到快速消化坏的经历所带来的消极情绪，让其随风飘逝，直到回忆起来不再有任何负面的情感。这样，我们的经历就会转化成智慧。如果我们可以积极学习，意识到从经历中可获得的新资源，我们就能在生活中一直不断向前。

要自信不要沾沾自喜

自信并保持积极的态度非常重要，但同时要留心周围的一切，这样可以保证我们不会妄自尊大。自鸣得意只会导致错误，没有任何积极作用。自信的意识是关键——用积极关注来思考和做计划可以确保我们取得想要的结果。

解决问题

将自己视为问题解决者，并重视自己的能力，是正确看待和利用恐惧的好方法。在我的专业经历中，帮助人们战胜恐惧，意味着帮助他们认识到从恐惧中可以获得的独特资源。这常常包括独特的、有创意的、独立的、灵活的思维方式。重视自己的这些能力，并最大限度地利用它们，可以帮助你从以往的恐惧中发掘出积极价值，并为你提供未来可使用的技能。比如，我以往对高度的恐惧，就拓展了我的创造性思维，让我想到各种避免站上高处的策略，对比不同的结果，找到新的替代方案。

要积极主动不要退缩不前

不要揪住错误不放，或者认为事情应该如何；相反，要专注于你能做的，以及你最终想要实现的。无论你选择专注于什么事物，都会吸引更多的同类事物到自己身上，因此要避免过分沉浸于任何负面感受中，不要放纵负面情绪——除非你希望负面情绪缠身！

做生活的有心人

生活中无论发生什么——令人吃惊的、好的、坏的、悲剧的，或是无关紧要的——总会有我们能从中学到的经验，它们总能在我们的生活中发挥更大的作用。如果我们学会积极看待生活中的挑战，就能让我们学到所需要的经验，帮助我们开发资源，并成功地前行。

关注情绪

情绪会对我们的健康有显著影响。例如，我们会感到易怒、烦躁、嫉妒、痛苦、怨恨、沮丧、焦虑、紧张、担忧、怀疑、不安……这些情绪都与恐惧有关，并且会毒害身体。

学习关注这些负面情绪，并让它们远离自己；找到解决方案，从中学到积极经验，可以使你的身体器官正常运转，避免产生负面影响。化解负面情绪可以大幅改善身体健康、心理健康和情绪健康，从短期和长期看来都是如此。

摆脱恐惧

选择摆脱恐惧，这样你才能自由地过满足的、快乐的、健康的生活，而不是让恐惧阻碍你前行，或是让恐惧给你带来危害。摆脱恐惧可以让你产生更加积极的关注，并专注于你想要的积极生活。这很重要，因为我们关注什么，就会得到什么，因此我们要保持积极的状态，这样才能更容易地实现目标。

相反地，积极享受和拥抱对你没有害处的恐惧——急速效应。这是痛苦与快乐之间的分界线。比如，如果我排队等待乘坐非常高的、垂直下落的过山车，或者我将要登台面向数百名观众讲话，又或者从飞机上跳伞——我会感到非常紧张，但是我允许自己去感受、去经历，因为我喜欢肾上腺素飙升的感觉，以及在经历之后的那种快感。

敢于解放思想

当寻求你想要的答案时，永远要保持好奇心。问问自己，保持虚心的态度、实践新的想法、使自己免受批评和怀疑，对自己有什么损失吗？如果封闭自己的思想，不接受各种可能性，只会产生限制和负面情绪，反过来会导致不健康的状态——这与我们想要的背道而驰。

当我们仅从表面看待消极事物时，就会放弃独立思想和许多潜在的机会，受到负面情绪的支配。想象一下，如果我屈服于医生的诊断带来的恐惧，比如糖尿病可导致失明，那我会多么沮丧。相反，我直面这种恐惧，并采取积极行动，就能打开充满无限机会的全新世界。现在我多么享受视力完好的状态，以及用双眼所见到的一切！

探索打破常规和与众不同

拥有探索、理解和使用非常规思维的勇气，会获得新的、令人激动的发现。正是打破常规的想法可以给我们提供最佳解决方案，因此永远不要害怕去探索打破常规。

我们探索、发现和学习得越多，我们就会在大脑中建立更多的神经网络，这样会提升我们思考和发展的能力。而这也是我们作为人类得以成长的重要因素。此外，如果我们一直这样保持成长和个人发展，就可以进入新的意识水平，再一次引用爱因斯坦的话："任何问题都无法从创造它的意识层面上得到解决。"

因此，我们需要保持开放的心态，学习新的事物，跳出窠臼去思考——尤其涉及恐惧时，我们要思考如何去摆脱它。

有很强的幽默感——只要能笑就笑

爱笑对保持健康颇有益处，也可以使生活中面临的一切都更加容易。笑可以让我们珍惜生活，产生内啡肽和其他生化物质来抵消恐惧带来的负面影响。因为内啡肽是一种身体的内源性吗啡，它可以起到天然镇痛的作用。

积极心态，让你更快进入零地带

以下 25 个标志与表现"零地带"人格的思维模式一致：从本质上来讲，"零地带"人格就是那些似乎可以获得想要的一切的人所具备的个性。因此，了解你已经表现的属性、很少表现的属性，以及你可以积极增加的属性，是非常有帮助的：

- 不受压抑。
- 表现出天然的积极、乐观和开放心态。
- 拥有不可动摇的信念系统。
- 表现出独立和创新性的思维。
- 天生精力充沛、热情高涨。
- 意志坚定，求真务实，注重结果，有更广泛的积极意图。
- 喜欢成为领袖，愿意尝试，相信自己。
- 鼓励、赋权、启发别人。
- 是天生的问题解决者：没有什么可以成为问题，但也不会过于脱离实际。
- 采取灵活、动态和经得起检验的方法。

- 经常采用非常规方法来解决问题。

- 拥抱变化、新的机遇和创造性。

- 在可能的情况下顺其自然。

- 享受可预期的冒险和寻求刺激的冒险。

- 自力更生，甘于奉献，足智多谋，尽职尽责。

- 坚持不懈，适应力强，不屈不挠。

- 拥有坚定的人生哲学，比别人想得更长远。

- 拥有高度的自我意识，直觉敏锐。

- 在危机中能保持镇静，不会小题大做，专注于解决方案。

- 专注于"能做的"和"想做的"。

- 比起胜利，更加重视健康、精神满足和快乐。

- 从不害怕失败或做错事。

- 享受生命的过程，拥抱不确定性。

- 表现出韧性——如果他们想要做某事，会找到方法去实现，并且知道自己一定能实现。

- 无论当下的情况如何，总会欣赏和热爱生活——相信一切都是生命过程的一部分，发生即有道理，将提供不断向前的机会。

心态至关重要，无论你想要什么，它都会陪伴着你，要走多远取决于每个人的选择。

> 心态是一切。它决定了我们的性格、我们选择的道路，以及我们取得的结果。

重点回顾

利用本章中的内容、本书中的资源，以及你自己的特质，你便可锻造出坚不可摧的心态，无论生活给你带来怎样的挑战，你都能表现得最好。

第六章

释放焦虑：打破舒适区的壁垒

不是所有的恐惧都与蜘蛛、高大建筑物或是对着人群讲话有关。恐惧可能具备一种完全不同的、无形的本质，比如说对死亡的非理性恐惧，对某种危险的强迫性焦虑，或者对生病的强烈担忧。

在这种情况下，为了释放纯粹的心理恐惧，我们需要以不同的方式来处理。我们也需要以略微不同的步骤最终测试和检查你是否已经真正战胜恐惧。当然，我并不是建议你去做严格的医疗诊断，或者用冒险的危险行为来证明你不再害怕这样的事。

在任何情况下，无论你的恐惧、焦虑或局限到底是什么，无论是否已经有了身体和心理上的表现，总有各种各样的方法来帮助你彻底释放它。本章介绍了很多方法，有实用性的知识，也有深入的恐惧释放技巧。总有一些方法会适合你。

你可能总是有一些隐隐的焦虑，既不确定其原因，也没有去解决它，或者认为自己就是"爱焦虑的人"。无论是哪种情况，你都会发现待在舒适区里是更加安全的，但是你的焦虑可能有身体的原因。以下是一些例子，告诉你焦虑可能出现的地点、原因及方式，以及在特定情况下，焦虑为何可以表现得如此强烈，竟然能在本不应存在的情况下出现。

然而，如果你仍对焦虑存有疑问，请一定要咨询你的医生。

引发焦虑的途径

焦虑，尤其是隐隐的焦虑，通常与某种慢性身体疾病有关，但是通常当你长时间习惯了某事后，其中的关联就变得不那么明显。从这个角度来讲，焦虑可以作为一种疾病的症状存在，由某种疾病造成。比如，从我的个人经历来说，我很清楚1型糖尿病通常会导致焦虑——往返于医院、血液测试、诊断、个人安全和潜在的并发症，以及血糖过低的症状都会造成焦虑。哮喘、癫痫和很多其他慢性病都能导致非常类似的、有关焦虑的问题，因此一定要留意这些症状，区分焦虑原因，以便能最大程度地根除或减少焦虑。这很重要，因为这些因素常被轻易忽视，却在潜意识中阻止你打破舒适区。当然，你可以研究和探索具体的方法，帮助你克服这些疾病带来的焦虑。在我的前一本书《思维、身体、糖尿病》（*Mind Body Diabetes*）中，我介绍了很多实用的技巧和资源，它们也可以广泛地应用在其他慢性病上。

焦虑警报——当焦虑告诉你要专注时

有一个术语叫作"疾病模拟（medical mimics）"，指的是焦虑感能导致类似于疾病的症状，会引发各种心理上和情绪上的不适。因此，听从你的身体格外重要。如果你表现出某些症状，又找不到任何造成焦虑的深层次原因，就无法改变焦虑的状态。那么你应该尽快咨询医生，排除任何"疾病模拟"。如果你感到自己状态不佳，那你必须要先解决这个问题，然后再辨别出阻止你走出舒适区的恐惧和局限。

营养

稍后我们会更深入地来剖析营养和饮食，但是现在我们有必要知道营养不良、维生素缺乏、吸收不良或维生素过量将产生一系列的情绪状况。

比如，缺乏维生素 B 和铁，会导致焦虑症状，有时候甚至会导致惊恐发作。正如在日本一项临床研究中所发现的那样，那些缺乏维生素 B 和铁的参与者经历了周期性的焦虑发作，其实际表现为换气过度。

荷尔蒙

荷尔蒙是化学信使，告诉身体的各个部位该做什么，荷尔蒙分泌不平衡会导致包括焦虑在内的各种症状。像甲状腺疾病这样的疾病可能导致焦虑症状，比如高心率、高血压、心悸或震颤，有时候看上去很像惊恐发作。

正如很多女性经历过的，更年期早期阶段和更年期会导致极度的焦虑，造成雌激素和孕酮的水平发生变化。

传染病

有的传染病，比如莱姆病，有时候与包括焦虑在内的各种精神症状有关。

肿瘤

很多肿瘤会导致一系列的精神症状。并且，尽管这种情况很罕见，但某些肿瘤会产生肾上腺素，导致无法解释的焦虑。

头部创伤

轻微头部创伤会导致无法解释的焦虑，有时候会发生在创伤过后的一段时间，这会使得将焦虑与该事件联系在一起更加困难。

其他疾病

威尔逊氏病（一种遗传疾病）会干扰铜代谢，如果不治疗的话，这种病会导致无法解释的强烈焦虑感，以及其他很多症状。我知道这种焦虑感会强烈到什么程度，我自己就亲身体验过。值得庆幸的是，这是一种罕见的疾病。

药物治疗和其他因素

所有的药物治疗都有副作用，焦虑就是其中的一种。顺势治疗[1]药物、兴奋剂——比如过量咖啡因、合法药物和戒酒——也会引发焦虑。

---

1. 顺势治疗是一种存在争议的替代疗法。该疗法基于以下理论：如果某物质能引起健康人的某种病症，那么将这种物质进行稀释、震荡处理后，就能起到治疗的作用。

焦虑告诉我们什么信息

有时候我们认为的焦虑，可能实际上是大脑和身体在警告我们，要注意有些事不太对劲。"有些事"可能是一种身体上的问题，或者是我们在外部环境中无意识感觉到的问题。

下面的案例是由我的客户贾丝明记录的，深刻地说明了焦虑已经被误解了多年，以及它产生的毁灭性后果。

假如你问我或我的家人，去年这个时候我是否有可能摆脱焦虑和药物，我会告诉你，绝对不可能！仅仅是因为从我记事起，我们就一直被告知，药物是唯一可以持续起作用的方法，能让我过"正常的"生活。我只是个爱焦虑的人。然而，我那时认为吃药总比感到焦虑或抑郁发作要好。

自从开始上学起，我就被贴上了"焦虑的孩子"这样的标签，医生给我开了通常不会给孩子开的药物，我被告知吃药可以让我免受焦虑的困扰，而后来我又被贴上了"抑郁"的标签。最糟糕的时候，我有几个月都无法迈出家门，感到生活毫无意义。这些感觉变得越来越强烈，最终不可避免地演变成了抑郁。我感到无比绝望，我的家人更加绝望，因为他们要伴我前行，而我却准备好了屈服。

我的医生团队介绍了各种新药给我。然而，我对其中大多数药物都反应强烈，结果我的医生团队又给我加入新的药物来抵消副作用。那就是个恶性循环。但那时，这样的循环对我还是很有意义的，否则为何我的家人和我从未质疑过那些药物或者我的心理健康团队呢？

我被推荐给多个精神病专家和顾问，他们都告诉我，我的焦虑和抑郁有根本原因，我要努力想想这个根源是什么。我还被告知患有创伤后应激障碍，尽管创伤事件对我来说还是个谜——我什么也想不起来。而我无法想出任何创伤事件这个事实，使得我感到更加糟糕。我到底怎么了？

最终，在我17岁的时候，我被推荐到一个精神病诊所——一个非常小的诊所，只有遭受非常严重的精神疾病的人才会来到这里。我无法理解自己到底怎么了，以至于需要被送到这个地方待上六个星期，好像那时没人知道还能拿我怎么办。

这种环境显然会对我造成伤害，我的焦虑恶化到几乎放弃自己的地步。那之后，我被转到成年人精神健康服务部门，在那里我被告知要继续服用更多的药物。我陷入了困境，经常感到处在黑洞之中。我当时无法弄懂自己的处境。

我母亲几乎到了绝望的边缘，不知道还能做些什么。后来，她找到了顶峰诊所（Pinnacle Practice），他们确定能够帮助我，并安排我与艾玛医生见面。起初我还很不情愿：我当时处在情绪的低谷，根本不相信这与我以前见过的其他专家有何不同。我完全没有心情再重新尝试以前一直在用的老方法。

然而，我却大错特错了，从这一刻起，我的生活焕然一新。

我面临着完全不同的思维模式，以及对我的经历和感受的全新理解，这对我来说是完全陌生的。艾玛医生所说的是唯一令我产生共鸣的话，也是深深改变了我的话，我有一种被正能量包围的感觉，那非常奇妙！

因为我一直被告知要服药，我甚至花了很长时间来理解为什么可以不用吃药。药物已经作为我的安全网达 11 年之久，因此不吃药让我非常恐惧——但我知道我可以做到。

我第一次与艾玛医生见完面后，就感到浑身充满力量，一种真正的正能量。在以往与其他医生的历次见面中，我从未被问及过我想要怎样的生活。我也从没谈起过积极的结果，或任何其他的结果。

在与艾玛医生见过几次面后，我意识到我的确需要尽全力打破舒适区。我需要相信我们努力的方向，并且将我的精力花费在认识真正的自己上。

谢天谢地，在六个月后，我竟然做到了。不可思议，我现在竟然不再服用药物。我成为一个阳光、自信的 23 岁青年。我学会了相信自己，相信自己的决定，焦虑不再是它原来的样子，也不是阻碍我生活的问题了。

这是我从未想过会发生的事，在我踏上这趟旅程之前，我从未意识到我多么想要它发生。最终，我知道生活再也不会受到焦虑和抑郁所带来的任何限制，我再也不用担心自己到底怎么了，再也不必恐惧服用更多的药物。艾玛医生向我证明了即使生活似乎无法忍受，我们还是可以相信自己，总有可以改变的方法。

贾丝明·道蒂

我仔细阅读了贾丝明的医疗记录以及个人历史，我感到非常震惊——她被诊断为"混合型焦虑和抑郁障碍"。这种诊断被认为严重到需要入院治疗，并需要终身服药。

我还仔细查看了贾丝明的服药记录，大多数药物都产生了严重的反应和副作用。这不禁提醒了我，她的身体很有可能在拒绝这些药物，随着时间流逝，我怀疑这是因为她目前不需要服用抗焦虑药物（甚至从来都没需要过）。

在我们第一次见面时，贾丝明问我觉得她到底怎么了。我回答说："实际上什么事也没有！"

我向贾丝明解释道，我认为她只是比平常人有更敏锐的洞察力，这使得她对某些经历和人更加有感受力，也更加敏感。

当这种敏锐的洞察力（或者叫高警备心）察觉到某些不好的事，就会呈现出一种焦虑感，像雷达一样向她发出信号，质疑到底发生了什么。我猜测，她的直觉非常灵敏。我建议贾丝明将此看作一种天赋，学会如何积极利用这一天赋，并做出恰当的反应。

我还帮助贾丝明弄明白，到目前为止，没有人意识到她这种天赋，所以一直以来，她几乎已形成思维定式，认为自己是个"焦虑、抑郁的人"。因此，她实际上掉进了某种"舒适区"，周期性地重复某种消极的表现，接着又出现相应的消极反应，而实际上，这并不是她"真正的"生活蓝图，她应该过上应有的生活。这也解释了她为何表现得冷漠或者"抑郁"，因为她当下的生活被贴上了这样的标签。

我还向她解释了处在这种"被诱导的"状态下是很自然的，因为她对任何建议都采取一种绝望的反应，害怕被孤立，从未真正了解自己，更不必说对服用更多药物的恐惧，以及严重的药物副作用了。

当我将这一切解释给贾丝明后，好像有千斤重量从她肩膀上卸了下来；我在她身上看到了非常显著的美妙变化，就好像打开了一束光——就是上面她记录的那种正能量的涌动！

我们随后又见了几次面，我努力帮助贾丝明换个视角看待她的过去，改变旧的思维模式，并释放她在以往生活经历中所积累的负面情绪。慢慢地，她开始学会重新看待自己，并拥抱"全新的"贾丝明。

我还帮助她的家人、所有社会关系网适应她这种突然的改变，让他们全心全意地接受这种改变，这对贾丝明的成功痊愈也至关重要。在个体的改变过程中，向其周围人解释自己的意图，确保他们都能积极配合，是至关重要的；如果没有周围人的配合，很难形成积极合力，这反而会产生副作用。病人的关系网支持与否，往往决定治疗的成与败。

对于贾丝明来说，她从来就没有患上过真正的"焦虑性障碍"。然而，因为她曾被贴上患有"焦虑症"的标签，所以她有理由相信自己有焦虑症。于是她就似乎真的患上了焦虑症。

好消息是，她一旦意识到自身的状况，并进一步调整心态，做出积极改变，就可以打破个人界限，走出舒适区，勇敢地前行。

她尽心尽力、充满能量地做到了。

考虑到她大部分人生中所经历的创伤和痛苦，贾丝明真的取得了了不起的成就。通过采取不同的思维模式，建立全新的自我意识，与旧的模式决裂，建立真正的自己，她如今已成为有活力的、成功的年轻女性。

无论你的个人焦虑或局限的根源是什么，你可以选择不接受医学诊断标签，更不用说有关某种疾病的媒体宣传、社交媒体趋势或名人背书。如果你接受了诊断标签，那么你就无法过上不受限的生活。如果你选择不接受标签，你就可以获得与贾丝明同等的成就。

解决焦虑的深层方法

正如我们所知，从某种程度上来说，焦虑是另一种形式的恐惧，因此，如果我们学会控制焦虑，就能克服恐惧。我们可以利用大脑神经学来培养自我冷静的能力，成功地应对压力和焦虑，这样就能积极奋勇向前，并在我们所做的任何事上取得最好的成就。

以下讨论和技巧可以帮助我们实现这一目的。

解决焦虑的形而上的方法

"形而上"这一术语在这里指的是导致焦虑的思维模式和情绪内因。它可以改变大脑的生化物质，导致身体的变化，最终表现为身体健康受损，以及各种身体和心理的疾病。换言之，正如科学研究在很多场合所显示的，我们的身体健康正是对思维的反射。

焦虑最终与我们不相信生命的流动和过程有关。仅仅是我们的大脑在警告我们，应该专注于正确的方向，在有必要的方面花费心思。因此，问题在于：

- 要解决焦虑的根源，我们需要做些什么？
- 我们需要积极地学习什么？

实际上，药物可以帮助你实现这一过程，因为药物可以通过放松大脑，来帮你找到释放焦虑的空间，自然地呈现自己。我们稍后会详细谈论药物。某些音乐也可以帮助你放缓脑波，这很有价值，我们在第四章谈论过。

从形而上的角度来看，每当你开始感到焦虑时，重复下面这句话，可以帮助你直面焦虑的根源：

"我相信生活，我很安全。放松，顺其自然。"

在任何情况下，每件事都有一个形而上的起源（深层次的第一根源），但是也应该承认，不一定所有的根源都是创伤性事件。你需要寻找的答案就埋藏在你的头脑中，当你准备好对它们放手时，它们就会自觉地呈现在你面前。

改变视角

假如你拥有一家公司，有重要决定要做，比如是否要与你不喜欢或难打交道的客户做生意，你能否客观而非情绪化地看待问题，会对结果产生重要影响。从本质上来说，就是要避免感情用事。

这个技巧简单却非常有效。这是一种不同的思维方式，可以消除情感负荷，也就避免了在某一事件和某一时刻过于掺杂个人情感，以至于无法看清全局。甚至利用这种方法，你可以发现有些情况非常有趣或微不足道。这是因为你创造了足够的心理距离来消除负面的情感负荷，负面情绪只能蒙蔽你的判断和视角。这就好比有的事在某个时候看来好像噩梦一样，而后来却发现这件事非常好笑（这种情况下，时间创造了所需的距离）。你可以：

- 舒服地坐着或躺着，用鼻子吸气，用嘴呼气。
- 放松你的双臂、肩膀和脖子，让这种平静的放松感像波浪般涌遍你的全身。
- 当你体验或思考有压力的事件时，想象你走出自己的身体，以旁观者的角度看待你自己，就好像在观看一部电影。
- 然后以旁观者的角度看待整件事。想象你就是个看热闹的人或者正在看电视。

- 用旁观者的眼睛观察当时的情形，真正地把自己置于他人视角。

- 现在再将自己想象成另一个人：一个中立的个体，或许是心理学家、商业顾问、教练或者其他类型的咨询师、分析师。你会给自己什么建议呢？

注意：当改变视角时，完全进入他人的思想和身体非常重要。调动你所有的感官参与其中。潜入他们的生活和思维方式（如果你了解的话，还有他们的价值观）。采取他们的态度和个人习惯，真正想象自己处在他们的情境之下。

至于何时使用这一技巧，一个很好的例子就是如果有家庭成员给你制造了挑战，就把他们看作本人，而不是与你有关系的人，避免由此产生期望。

就拿我们的父母举例，我们所有人都很自然地对父母有些期望，希望能得到满足，有时候当他们的行为没能满足我们的个人期待，就会影响我们的情绪和焦虑水平，进而会分散我们的注意力或者造成自我限制。

我们通过暂时分离这种家庭关系，将家庭成员看作普通人，事情就开始不一样了，我们的感觉也会发生变化——会更加理性，看待事情和情况也会采取不同的视角。我们可以问问自己：如果他们不是我们的父母，事情还会非同一般或者令人心烦吗？有没有可能他们的思想和行为就变得可以接受了呢？这种技巧可以帮助我们跳出个人范畴，从而客观地看待事情。

你的根本解决方案

无论何时你感到焦虑，都问问自己如下问题：

- 我为何感到焦虑？

你一定会得到一系列原因，对每一条原因都进一步问自己：

- 为什么？到底是为什么？

一直将这个问题问下去，直到你得到真正的根源回答。然后停下来思考一分钟：

- 我是否会让这个肤浅的、暂时的理由让我倍感焦虑和身负压力，从而阻止我最终获得幸福和成就，或者实现我重要的人生目标？或许这只是一点小麻烦，需要我用创造性思维、耐心和灵活性来战胜它？

问自己如何成为问题的解决者：

- 如果别人面临这样的挑战，你会给予什么建议？

如果需要的话，你是否有应急计划？如果有意料之外的事发生，你还能做些什么？

无论答案是什么，下决心为自己的生活承担个人责任是至关重要的，并且采取这样的态度：

- 你能做些什么，你能尽多大努力来完成某事，而不是一直担心，或者把时间浪费在你做不了或不会发生的事情上。

重要的是，"专注"和"意识"之间有很大区别，关键是要注意到这两者都是我们需要的。

我们所专注的是能量和注意力主要指向的事情，而我们的意识使我们时刻留意生活中发生的一切，并在专注于正确事情的同时，还能保持责任感和安全感。

这样我们的眼界就能超越恐惧、压力和焦虑，让思想专注在最重要的事情上，因此所有我们想要的都会更容易、更快地来到我们身边。

- 总之，要专注于你真正想要的，而不是错的事情。

要习惯去发现任何情境下的积极因素，以及你可以如何从中获得进步。尽管有时候我们会遇到各种挑战，但是我们总能从中学到有建设性意义的经验。我们要不断搜索可利用的资源，并且跳出常规思维。

经常问自己：

- 生活正在尝试向你传达怎样的信息，你可以如何战胜障碍，你真正在朝什么方向努力？
- 你真正的意图是什么，超出压力、焦虑和恐惧之外的目的是什么？

专注于你对上述问题给出的答案，因为我们前面已经讨论过，对于你所全心全意专注的事情，你会将其吸引过来。因此，如果你一直瞄准负面的事情，你就会将负能量吸引回来，这样恶性循环就会持续——这样只会给你一种坏事接连不断或者"祸不单行"的感觉。

从你的经历中，我相信你已经知道，如果你从内心深处期待某事，它就会发生。我们通过有意识或无意识的关注和致力于某事，来指挥我们自己实现它。我们可以吸引所关注的事——无论是好事、坏事还是中性事件。如果你期待感到压力，很有可能你就会有压力，因为你专注于错误的事情。要努力改变这种思维模式，反过来专注于积极的目的。利用上述问题，考虑其他可以帮助你达到积极目的的途径。

认识到你不能仅靠想象就让某事发生，这一点也非常重要。为了确保你利用的是积极的吸引力法则，可以参考第七章和第八章，因为一旦你完全掌握了这一法则，就能积极地应用它，使其成为你最强大的工具，助力你生活的方方面面！

意识和重新计划

能够认识到你开始感到压力和焦虑，这很重要，因为这样你就能利用上述技巧。请注意在这种情况下发生了什么：

- 是否有某种具体的感觉？
- 你是否体验到身体反应，比如胃疼、头疼、非常疲惫、如厕困难？
- 你的行为是否发生改变？
- 你是否很容易大喊或大哭？

如果你很难识别出这些改变，可以尝试如下方法：

- 写趋势日记——用日记定期记录你的感受。寻找你需要努力消灭或者解决的根源性问题的模式或触发因素；你可能以前并没有意识到，仅仅当白纸黑字记录下来才会意识到。
- 类似地，如果你和某人很亲密，并且很信任他们，当你开始感到有压力时，你可以让他们指出你的行为中任何微小的变化。

保持幽默感

你越能避免过于认真地对待自己，就会越好。我们越能发现生活中的笑点，就说明我们越擅长寻找笑料和感觉良好，无论是善意的打趣、友好的玩笑或是其他，都能让我们感到更加放松。

幽默和笑声可以改变我们的身体状态。内啡肽的分泌可以触发更加积极的思想和感受，反过来会让我们更容易专注于自己能够做的，来应对我们的压力，而不是专注于问题本身。专注于问题只会引发糟糕的感受，妨碍我们的思维过程，从而导致更大的压力。

对我们有帮助的是：

- 会夸大你表现出的恐惧的人。这不会对所有与恐惧有关的事有效，但是在某些情况下，可以在很大程度上帮助你。它可以帮你看到自己的行为，以及你可能如何改变它。

比如，我在前言中提到，我曾经被困在一座绳索桥上，大哭不止，一动不能动。现在每当我尝试类似的事，我的伴侣都会模仿这个场景。这总能让我大笑，并且改变我的状态。

- 大笑和有意识地努力微笑可以改变你的情绪。

尝试即便想起悲伤或令人恼火的事，依然能够微笑。牢记微笑的表情和身体语言要保持一致——两者密不可分，正如在第二章所讨论的。当你没有想到积极的事情，而要保持微笑或大笑，这是很难做到的，所以要有意识地观察你的面部表情、语调和身体语言——思想和身体可以深深地影响彼此。努力找到能帮助你的方法；我个人喜欢看些非常搞笑的东西，比如情景喜剧短片。

假装微笑或者保持平静和快乐。这样可以帮助你改变情绪，让你更清晰地思考，帮助你解决带来压力的问题。假装做非常夸张的表情，模仿非常滑稽的人或者非常沉着的人，这样也可以帮你进入那种状态。

英国喜剧演员李·麦克表演过一个关于他和他妻子的优秀作品，以音乐剧的风格唱出他们之间的一次争吵，这样孩子们不会意识到他们在争吵。除了非常滑稽搞笑之外，这个作品还表现了改变你的思维和感受可以如何减少负面影响、压力和焦虑，让事情变得似乎很滑稽、不那么严重了。这样做至少可以帮助你以不同的方式来表达事情，或者仅仅是发泄负能量。通过这样做，你的思想状态开始发生改变。尝试一下，它确实有效！

情绪重启

据说完全将你的头沉浸在温水或冷水中几秒钟，可以重启杏仁核（大脑负责处理情绪的部分），让你关注更加积极的方面。当头脑更加清晰，你便可以开始以不同眼光看待问题。这样做可以让你的头脑平静、清晰，以新的方式来面对压力的根源，从而采取积极措施。如果你想在具有挑战性的一天结束后改变你的状态，这样做很有帮助。

进行两分钟的暂时休息

这也是一个简单的技巧，但是不要低估它。这个方法非常有效，而且很明显花费的时间很少。

- 先坐下来进行几次深呼吸。使用第四章的"海洋式呼吸"技巧：用鼻子深深地吸气，再用嘴深深地呼气。想象一下，你嘴巴微张对着镜子哈气，这样做五次。
- 现在闭上眼睛，想起你最喜欢的地方——你可以放松下来、保持平静、度过愉快时光的地方。或许那是一次度假，或者休班。仅仅沉溺在其中几分钟。看见你曾经看到的景象，听到你曾经听到的声音，重新感受那种冷静、放松、充满趣味的感觉。
- 现在就应用你在之前创造的积极的资源锚，或者使用你的感激石。
- 尝试一下"解除运动"技巧。这样可以带给你平静，通过改变你的思维状态，帮助你更清晰地思考。

这个技巧可以通过利用所有的感官来创造积极改变，进而激活大脑和身体之间的联系。

- 花时间停下来一分钟。闭上眼睛，问问自己感受到的压力、紧张或焦虑在身体何处，给它一种颜色、大小和形状。

- 现在缩小那个区域，看着它变得越来越小，一直小到可以穿透你的身体到达一个出口，比如你的手（这样你就能打开手掌，将它扔掉），你的脚可以将它踢走，或者你的嘴巴或鼻子可以将它吹走或呼出去。

- 当它到达出口，你将看到它的颜色变得越来越淡，你感受到压力、紧张或焦虑也变得越来越缓和。

- 现在，伸展全身，将它甩掉。随着压力和焦虑感释放出去，重新调整你的焦点，做所有必要的事来应对这种焦虑的真正根源，确保它再也不会回来。

给自己的问题

定期重新看一看第四章的问题列表，它们能真正帮助你获得积极视角。

进行常规活动，将自己救出泥潭

当你感到焦虑时，可能最不想参加活动。而在焦虑时，如果我们能推动自己去参加常规的日常活动，使情形变得正常化，给我们提供不同的焦点和视角，以及更多的社交互动，那么就可以分散我们的注意力，这大有益处。并且，参加体育锻炼也好处颇多，它不仅能帮助解决上面提到的因素，还能帮助分泌内啡肽——一种大脑的快乐化学物质，以及自然的止痛剂和内源性吗啡。体育活动还可以稀释和消除任何组合型压力——还记得过量的皮质醇和肾上腺素吗？尽可能好好利用它。

- 确保活动是你喜欢的，能对你起到鼓舞和激励的作用。可以仅仅是散步到咖啡馆，步行到报刊亭或邮局而不是开车，或者将车停到离超市入口较远的地方，走上一段距离……
- 不要低估清新空气的力量，改变你的环境，让周围环绕着积极的人，这样可以放飞思绪，分泌内啡肽。
- 即便是拾起报纸、读本杂志、阅读一本好书、打电话给一位好友，都可以帮助调节你的关注点，分散你的焦虑情绪，将你带离糟糕的处境。
- 经常处在产生压力和焦虑的同一种环境中，会使两者之间产生自动的联系，就像我们前面讨论过的锚和触发器。因此，如果你被禁锢在压力和焦虑源所在的环境中，要解决问题或产生不同的感受就非常具有挑战。因此，尽可能地打破禁锢、放飞自我，就至关重要。

探索并投入冥想

让自己摆脱糟糕情境的一个好方法就是定期冥想。有很多冥想的方法，所以你要探索并找到适合自己的冥想方法。避免纠结于各种冥想方法的细节，不要过于在意那些细节。所有的冥想方法都可以帮助你缓解压力和焦虑，对你的整体健康有益处。科学研究表明，定期冥想可以：

- 降低血压，并改善血液循环。
- 增加能量，提升创造力。
- 加强免疫系统功能。
- 释放压力、焦虑、疲惫和毒素。
- 降低血糖水平。
- 延长寿命。
- 有助于看起来和感觉起来更年轻。
- 仅 30 分钟的冥想比整晚睡眠所提供的心理休息还要多。
- 帮助做决策和提高效率。

因此，不要担心哪种冥想方法更好；如果你感到有好处、有帮助，那就是适合你的方法。确定使你的脊柱尽可能保持笔直的状态，这样可以让能量不受阻碍地自由流动。你可以平躺在瑜伽垫上，或者坐在有靠背的、坚固的椅子上，后背倚着墙，或者用垫子支撑住，以确保你处于舒服的坐姿或躺姿。

解决焦虑的根源

尽管前面我们讨论的技巧是非常有价值的，努力找到焦虑、局限和恐惧的根源也是至关重要的，但只有完全理解了根源，才能让它永远过去，才能最终显著地改变你的生活。以下技巧可以帮助你做到。

如果你正努力去挖掘事情的本质，试图找到根源，可以去找一位咨询师，一劳永逸地帮助你解决问题或释放你的负面情绪。尽管这可能让你感到惴惴不安，但是如果能找到适合你的执业医师，是值得一试的。

直面问题

即使涉及其他人，作为体验到焦虑的本人，我们仍有责任去发现自己可以做些什么来控制和积极改变这种情况。

行为最灵活的人总能控制住局面，因为他们愿意采取和使用任何合适的资源，以取得最佳结果。

比如，如果你的焦虑与工作中老板给予的过度压力有关，那就直接去找你的老板，向他表明你的感受，但同时也要说明你这样做的最终意图。

比如，如果你的老板总对你提出不必要的要求，让你做额外的工作来为公司创造更多的收益，进而导致你感到非常有压力和焦虑，你需要请假来休息，这就会违背老板当初的意图；请病假是非常昂贵的，反而会消耗成本，而不是创造更多的效益。

在这种情况下，你可能会说："我对您目前提出的要求感到很有压力，导致我感到身体非常不舒服。不幸的是，如果这种情况持续下去，我会需要请更多的假。显然，这样对任何人都没有好处，并且会违背您最初的意图，而这是我的压力和焦虑的来源。我完全能体会您的意图，所以如果我能高效地继续完成工作，对我们每个人都好，任何额外的帮助我都会非常感激。"

如果你还是感到不被理解，就看看还有什么能做的。你是否考虑过换工作，自己当老板，重新选择职业生涯，学一门新技能，学习进入管理层所需的内容？无论选择哪种方式，尽全力利用所有的资源来直面问题并解决它。

在任何情况下，将一个人的意图和行为分离，都是有帮助的，要么对缓和情绪，以便更好地直面问题有帮助，要么对更好地理解一个人的行为，以找到更好的解决方案有帮助。

比如，我有一个客户，她 15 岁的时候总是因入店行窃被捕（显然这是一种不受欢迎的行为），因此，被认为是"小混混"。然而，她屡次这样做的最终意图是，她在独自照顾四个较小的兄弟姐妹，没有足够的钱来喂养他们（正面的意图）。因此，尽管她很容易被警察、其他权威人士、社会大众或未来的雇主判定为"小混混"，但如果我们关注她的意图而非行为，就能以完全不同的观点来看待她。从某种意义来说，她是一个"坚定、勇敢、体贴、不向困难屈服的幸存者"，而非"小混混"。

写下来或说出来

将事情写下来或向他人诉说，可以帮助你将事情表达出来。

这样可以减轻你的思想负担，帮助你以不同的视角看待事情。当事情被写下来，或者向他人诉说，你甚至可以找到问题的答案——事情本身通常没有那么糟糕，而当我们让其在头脑中回荡时，却可以轻易地扭曲事实，激化孤独感。将事情写下来是一种发泄，向他人诉说也非常有效，都可以让事情看上去远没有那么可怕。

更改胶片夹：删除恐惧和恐惧症

当经历一次创伤或任何痛苦的事情，我们都会在头脑中留下印记，随后表现为可以限制我们做某些事情的恐惧、疾病或创伤后应激障碍，潜移默化地损害我们的健康，严重影响我们的生活质量。

我曾经遇到几位糖尿病患者，他们处在两难的境地，因为他们有针头恐惧症——对他们的身体情况来说，这是多么严重的问题！因此，你可以理解某些恐惧症甚至可以带来威胁生命的挑战或局限。大多数恐惧症都与人生中某一时期的创伤有关。

我们可以运用某些技巧来帮助患者解码创伤或痛苦，或对其脱敏——基本上就是要消除以往与这些经历相关的感受，这样大脑就能开始以不同方式来处理它们。这可以通过去除与消极情况有关的负面负荷来发挥作用，并以不同的、积极的感受取而代之。然后，我们就可以以不同角度看待曾经的创伤经历，赋予其不同的联系和意义，防止当下的恐惧症带来的身心痛苦继续下去。

要想释放恐惧或恐惧症，你首先要问问自己，你的恐惧症最初是什么时候开始的，与什么事件有关系。你可能马上能给出答案，这样的话就直接采用如下练习步骤。这一事件就被称作根源或诱发性创伤触发器。

如果你不确定创伤的根源是什么，就说明它存在于你的潜意识中。这样的话，你可以不假思考地快速问自己："触发这一恐惧症的根源是什么？"将进入脑海中的第一回答作为真实答案。但是我要再次强调，你必须快速地回答，这样你就不会有意识地给出答案。

如果你的恐惧症使下面的释放模型非常具有挑战或者令人不适，你可以探索不同的方式来解决它。

如果你并不知道确切的答案，就用进入脑海的第一件事来回答：

- 回忆你的恐惧或恐惧症第一次被触发的时间——你的根源。
  - 那是什么事件？
  - 在哪里发生的？
  - 什么时候发生的？
  - 具体发生了什么？
  - 现在想象你在一家电影院。从电影院后面的放映室，观看在大屏幕上放映的你的根源事件或触发事件；如果你可以隔着玻璃，从放映室看到那个事件——所有的编辑控制器都任由你支配；现在请注意，因为你将能够很好地利用它们！

- 现在确保大屏幕上播放的影片呈黑白色，然后直接快进到带给你创伤的那个时刻。

- 定格那一场景，然后让它被白色覆盖。看着那个画面变得越来越淡，越来越亮，最终变得如此之亮，以至于你再也看不到任何东西，除了一片苍茫的白色，就像在大雪地里看到的白茫茫的一片。

- 现在将剩下的影片回放，这次用彩色。

- 在你回放的过程中，可以随机加入一些怪诞的事，比如：奇怪的卡通人物；有趣的音乐；愚蠢的电视广告；你最喜欢的喜剧演员的面庞或语言；奇怪的气味和味道，像鱼和薯条味的曲奇饼干、烤豆子味的冰淇淋，或者棉花糖做的猫粮……

这样做，就是要让影片尽可能地怪诞和离奇。

- 现在你再用黑白色正常播放影片，再用彩色回放，添加上述那些怪诞的事，直到你再也感受不到任何与之关联的负面情绪。随着你播放得越来越快，你可能发现图像逐渐变淡，变得难以获取，这时请继续。

- 如果你想进一步删除这部分记忆，就继续下去，直到你无法获取任何相关的图像。使整个屏幕呈现空白一片，就好像投影仪坏了，胶片夹受损，然后你会说："这样可不好！"随后就将屏幕关掉了。

现在请回忆上一次你情不自禁大笑，或者发现特别搞笑的事简直控制不住自己——看到你曾看到的，听到你曾听到的，感觉你曾感受到的。让回忆尽可能栩栩如生，充满积极、趣味的情绪。现在将损坏的胶片夹换成有趣的新胶片夹，在大屏幕上进行播放。

- 你失去曾经的那种感受，开始感受到积极的情绪，或者你可能只是感到麻木，这很正常——关掉投影仪，从电影院中走出来。
- 通过思考原来的事件检查你现在的感受。你是否感到有所不同？你需要做些什么来确保那件事已经过去了？

如果你仍感受到负面情绪，就一直重复这个过程。或者你可以再深挖一下根源。

逆向联系

这个技巧非常有效却又十分简单。你所需要的一切就是丰富的想象力！

基本上来说，无论你害怕什么，你都可以想象一下，如果你处在对方的角度会作何感受。比如说，你害怕一只大蜘蛛，你需要将它移出浴室，扔到窗外……

想象一下你就是一只小蜘蛛，待在一所大房子里，有一只大手向你伸来，你不知道这只大手将要对你做些什么。更不用提那只庞大的有毛动物正一直盯着你看。你想要的就是找一个安全的地方休息一下，找一些食物存活下去，像其他同类一样……

那么现在到底谁应该害怕呢？

类似地，想象"处在对方角度"的另一个人可能作何感受。因此，如果你害怕离开房间，或者害怕站起来当众讲话，那就请考虑一下患有生理性口吃的人会作何感受，或者因健康问题经常遭受措手不及的问题的人会作何感受。比如马上需要上厕所，需要助听器，需要安静的地方，需要某种特别的食物等。关键在于，哪怕你感到自己某方面很脆弱，总有人会面对同样的不安全感，也在经历并对抗这一切。

外太空技巧

这一技巧可以真正帮助你正确看待一切事物。

- 请放松：深呼吸，闭上眼。
- 想象你释放了所有尘世的烦忧，灵魂慢慢飘浮出自己的身体。你感到自己舒服地飘到空中，越来越高，一直飘出大气层外，平静地飘到太空中，你轻盈地、放松地、毫不费力地飘浮在那里。

- 当你朝下看的时候，你可以看到地球。这时你审视着尘世的一切，它们显得多么微不足道，以至于即便是地球上最大的物体，也在广袤宇宙的衬托下显得无关紧要。

- 现在想象一下你继续向外飘浮，一直到银河系的边缘，你观察着无边的宇宙。你面前是数不尽的行星与恒星（星球之多甚于地球上的沙粒！）。当你回望时，地球本身也只不过像一个微小的尘埃。

- 然后当你四处飘浮时，你看看身后的太空，能看到越来越多的星系。它们组成了惊人的、永无止境的多元宇宙，使得地球和地球上的一切都在对比之下显得琐碎和微不足道。

- 你问问自己：在多元宇宙的广袤空间中，你的恐惧真的还算是个问题吗？或者它是否是你能应对的问题呢？

- 释放、丢掉以往的担心；现在，你正待在宇宙中！

- 当你缓缓地飘回地球，非常放松，精神焕发，你重新进入自己的身体，睁开眼睛，准备好轻松地处理你能处理的事——因为在多元宇宙的广袤空间中，实际上一切都没什么大不了的！让宇宙来为你服务。

创造一个更大的问题

这一概念，在前面的章节也有所涉及（在第四章"改变你的思维"），是另一种通过将事情情景化进而消除问题的方法。通过联想"还有比这更糟的吗"来帮助你将曾经认为的大问题最小化或"消除"。

- 问你自己："还有比这更糟的吗？什么是真正糟糕的？"
- 想象一下：看到你可能看到的，听到你可能听到的，感受到可能的情绪。同时也要观察任何味道和气味。
- 现在考虑一下你原来的挑战，并问自己：它到底为何成为一个问题？它真的是我利用所有资源都无法解决的吗？

杏仁核冻结

这一技巧是关于减轻敏感的负面情绪，可以让你完全直面一种情境——比如去看一位治疗师，获得解决问题的帮助，或者去参加一次工作上的或学校里的会议，来帮助你真正走出舒适区。这一技巧可以帮助你做令你害怕的事，进而解决创伤的根源。这有点像在你去收获蜂蜜之前穿上养蜂工作服。

我们从本书第三章可知，杏仁核深深地隐藏在大脑中央，可以影响我们的情绪反应。我们还知道，前面我们已经谈论过，当我们用足够具体和清晰的细节来将某事形象化时，我们潜意识就无法找出真实和非真实的区别。

令人难以置信的是，有研究表明，当实验对象被要求生动地想象正在参加锻炼，而对照组进行真实的体育锻炼，最终两组燃烧了类似的卡路里数量！

因此，通过将某种改变形象化，可以使得我们大脑负责情绪的区域对情绪反应不敏感。

- 尽可能清晰而具体地想象一下你大脑中央的杏仁核。

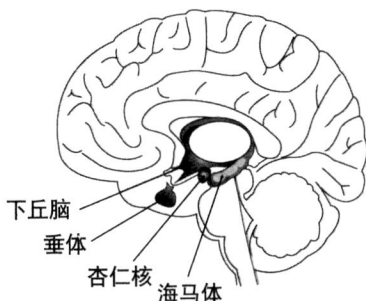

- 使用任何浮现在脑海中的图像（图像是否真实没关系，可以是如上的图像，也可以是象征性的图像——使你的想象尽可能的形象生动，想到什么都可以。）
- 观察你的杏仁核的大小、形状和颜色——要尽量具体！
- 现在看着它逐渐缩小，直到变成原来尺寸的一半。
- 将杏仁核的颜色变成冰蓝色，看着你的杏仁核冻结起来并且变硬。为了增加额外的"保护"效果，你甚至可以想象出一些画面，比如微型小工兵正在你的杏仁核周围建造坚固的石头或混凝土的堡垒。
- 现在你已经创建了一个坚硬的杏仁核，无法检测到额外的或不必要的负面情绪，可能是你想要感受到的，也可能是你需要避免感受到的。请记住，所有温暖的、积极的情绪和你感受真正危险的能力，都在堡垒中被保护得很安全。你的积极情绪如此强大，以至于它可以随后轻松地溶解冰块，将你的杏仁核恢复到原来的尺寸和形状。

- 现在可以想一想你通常会感到敏感或恐惧的事，观察一下你的反应。是否比以往更强烈了？或许统统都不见了？

- 如果你感到自己的反应需要进一步减轻，就重复上述步骤，减小你的杏仁核尺寸，进一步冷冻它，随着温度降低到零度以下，看着它冻结得越来越坚固，直到你感到舒服。

- 要记住你的潜意识思维会一直保护你，仅仅会限制不必要的负面情绪；你仍然可以感受到想要并且需要的那些情绪！

- 一旦你变得习惯于使用这一技巧成功应对你的恐惧，你的冷冻杏仁核就会自然地融化，并回复到原本的尺寸和形状。你也可以将杏仁核恢复的过程形象化。

- 为了将这一逆向过程形象化，重复上述步骤 1~3。现在想象你的杏仁核被脑部热浪融化，它变得越来越温暖。给热浪赋予一种颜色，看着热浪不断加强。看着你的杏仁核膨胀到正常尺寸、形状和颜色。

有些人生来对情绪比其他人更具包容性或更敏感，因此这一技巧的作用也因人而异。有时候，更深层次的潜在情绪根源需要被释放。

根源分析

了解"真正的"根源，完全释放任何恐惧和局限。

你的故事是什么？

想一想你应该做某事却没有做的时候。在这样的时候，你是否认真听从了自己内心的对话？

无论何时我们推迟某事、不做某事，或者无法拥有我们想要的，总会有一个比我们可以想到的层次更深的原因——原因背后还有一个（或几个）原因。

我们会为各种深层次原因捏造故事、编造借口。这些故事和借口如此令人信服，以至于最终我们对其真实性深信不疑。

其中的挑战在于我们会变成自己所相信的……

"我还没找到新工作，因为似乎没有任何新工作。"

"我只是没有时间。"

"我只是没有钱。"

尽管你的故事中偶尔也会存在真实因素，但如果你开始深入探索表面之下，总会有一个深层次原因；你总能找到根本原因，有点像一层层剥开洋葱。

那么这一切到底是怎么回事呢？到底是什么阻碍你拥有更多时间，找到理想的工作，或者拥有足够的钱来做你想做的事？当你开始释放这些深层次的、潜意识中的局限时，你就可以将这些事吸引到你的生活中来；你就会发现做这些事的机会，突然开始排着队出现在你面前，这一切与你真正的、深层次的、潜意识的信仰系统相一致。

因此，要挖掘埋藏得很深的真正原因——我们通常不会意识到的原因——我们必须问自己，现在无法获得想要的，其真正原因到底是什么；最重要的是，为什么会这样。在根源上，发生在过去的某件事使你无意识地产生负面的信念，就表现为你的局限。

如果我们用上述举例的原因来解释我们无法做成某事，是不是意味着你有以下的潜意识信念？

"我不足够好……"

"我不值得拥有……"

"像我这样的人不配拥有……"

"我就只能这样了……我什么也做不到。"

等等。

问问你自己："这真的是根本原因吗？还是另有其他原因？"推动你自己来探索真正阻碍你取得成就、成为自己的原因。

你找到的原因越深入，其结果就会越好。不断地深入探索，问你自己为什么——这些信念可以追溯到哪里，过去发生的什么使你形成这样根深蒂固的局限性信念？什么人或者什么事是首要原因？当你回忆根源事件时，到底存在怎样的负面情绪？

一旦你探索这些局限，追溯到根源事件及与其相关联的负面情绪时，你很快就会发现过去所做的局限性决定没有实际意义，它甚至是不真实的！从这一点出发，你就可以解锁曾经阻碍你的因素。

让我来分享一下我的个人经历。

自从我的关于糖尿病及其战胜方法的书出版以来，我一直避免参与某些在线糖尿病社区，不愿意在网上社区推广我的书。

我知道这听起来非常愚蠢。我的借口是这样的：

"我非常忙，似乎从来都没有时间以这种方式来推动我的事业。"

尽管从某种程度上来说这是真的，但是如果我真的想做的话，我是可以做到的，无论是在晚上还是在清晨，总能抽出些时间来。

那么，如果我深挖一下原因的话，就可以问自己："到底是什么在阻碍我这么做？"我得到了完全不同的答案，它为我打开了全新的世界，释放了我潜在的能量，并以完全不同的方式推动我前进。

总之，它可以归结为对过度沉浸于糖尿病的恐惧，也许这是我唯一关注的一点。

然而，如果我再深入探究其原因，就会发现我真正的恐惧在于沉浸在消极状态中，被吸进"糖尿病的厄运和忧郁"的黑洞中。

从本质上来讲，从孩提时代起，我就对糖尿病感到很乐观，从未将其视作一个问题；我尽自己最大能力来应对任何挑战。然而，自从社交媒体和网络盛行以来，我发现如此多看待糖尿病的负面观点，而我自己从未这样考虑过——因此，我一直避免加入在线糖尿病社区，因为我不想让那些网上的负面思维影响我的治愈过程，无论是在潜意识还是无意识层面。

然而，这里存在一个悖论，我写这本书的目的就是积极地改变关于糖尿病的负面想法，提供一些全新的、令人兴奋的角度，从而产生不同的结果。

那么，答案是什么呢？

在理解了真正的原因后，我突然领悟到，我应该专注于我的最高目标，以及我可以如何尽最大可能积极实现这一目标——对我而言，我可以创造不同的沟通媒介，创建一个更加积极的、主动的、真实的环境。这样就让我产生了一个想法，创建一个令人兴奋的、实用的糖尿病健康博览会，或展示一些最新的治疗方法，并将公众的注意力指引向积极的变化……一个非常富有成效的解决方案就这样诞生了！

尽管这是一个非常个人的案例，但我希望它传达出这样的道理：恐惧表现出来的表面故事，只会创造更多的局限或者障碍，阻碍我们取得成就和实现真正重要的事。

归根结底，我们要培养一种强烈的意识，来探索内部对话背后的原因。这样你就可以开始探索更深层次的原因，如同剥开洋葱般来揭示内核，因此你就会看到恐惧中的悖论，进而释放你的能量，并发现你可以克服恐惧的解决方案。

一旦你做到了这一切，你就会发现自己能够采取任何需要的行动；你只管去做，从不回头——只会对你所战胜的恐惧报以微笑！

释放潜意识中的焦虑

要注意你所探索的根源不一定来自意识层面。你的潜意识有时也会隐隐地起作用，就这方面来说，你需要相信呈现在你面前的事物，并解决它。无论哪个具体的时间阶段呈现在你面前，都具有重大意义，因为它最终与核心的负面情绪有关，是造成你生活中的局限和阻碍正能量的原因。

你可以从与根源有关的事件来学习积极的经验和资源，通过远距离观察事件来实现，就好像透过窗户来观察，而不是被重新拉回和重新体验负面情绪。

你可以通过以下步骤先来熟悉一下这个过程：

- 问问你自己：
  - 与你的具体负面情绪相关的第一次事件是什么？
  - 这是什么时候发生的？你那时多大？

- 或者它在你的大脑呈现给你的任何其他环境中被表现出来？

• 当你此时在脑海中有明确的印象时，观察相关事件，但要保持一定距离，好像你是一个通过窗户观察的旁观者。

• 开始从这次事件中吸取积极的经验和资源（尽管有时候很难发现，但是总能找到），注意：

- 你从这次经历中获得什么资源？

- 你是否从这次经历中发展了任何技能？

- 你还学到了什么积极经验，可能是你没有意识到的？

- 你能从这次经历中吸取和利用什么经验，来帮助你在以后的生活中前行？

- 这次经历如何帮助你给别人提供建议？

- 这次经历如何积极地影响你的生活？

- 你是否因为这次经历遇到了某人，这次相遇如何积极地影响了你的生活？

- 你从这次事件中需要学到什么，最终帮助你释放相关的负面情绪？

请记住，每一次不带有相关负面情绪的经历都会成为智慧，让你能够释放不健康的能量，并取得巨大和积极的进步。

在这一点上，你会有一个巨大的心理飞跃。这是你可以从经历中获得的最终积极目标；你知道它已经引领你实现最终的蓝图，让你能够在生活中不断前行。因此，全新的你将感激这次经历，它推动你前进，引领你不断超越自我……度过令人兴奋的时光。

- 一旦你感到已经吸取所有积极的经验和资源，就进行三次长长的深呼吸，并驱除所有先前的恐惧和负面情绪，使其成为对你的生活完全多余的东西。
- 换一种客观的视角来看待那个事件，并思考可以如何将其视为"仅仅是一个事件而已"，不带有任何情感负荷……有的只是智慧！

然而，如果你仍然能观察到相关的负面情绪，那么你就需要重复上述过程来吸取积极的经验。一旦你拥有所有的积极经验，消极情绪就会自然消解。想象你遗忘它们，并看着它们分解在空气中。在这个过程中，你可能感到麻木，不管是情绪上的还是生理上的，因为你刚刚释放了许多负面情绪——这是件好事；在潜意识层面，你所做的一切仍然是统一的。

- 观察你的感受。你的生活中是否有其他的事件与这种负面情绪相关？如果有，在头脑里逐个回忆这些事件，并重复上述过程，吸取其中所有的积极经验，并释放消极情绪。

- 一旦你完成了以上步骤，回到你的思绪，睁开眼睛。伸展全身，进行几次长长的深呼吸。请记住，当你开始清理旧的思绪，让一切在头脑中整合起来，并放松找回全新的你时，要喝大量的水。现在的你具备有趣的、令人兴奋的、无所畏惧的个性，准备好勇往直前，实现所有的目标！

把焦虑吃掉

你所吃的食物对提高或降低你的焦虑水平有重要作用，对此你可能感到非常吃惊。当然，在你努力战胜恐惧时，你当然不想加剧焦虑和恐惧。对于本书中提到的高强度的释放方法，营养具有非常重要的支持作用；尤其是在消减毒素和压力的副作用上，营养更是发挥至关重要的作用。食物还可以通过提升能量水平和增强免疫系统来对你起到支持作用，这样你就能保持身心健康，进而能够拥抱打破界限过程中遇到的一切。

"安慰性食物"这一术语非常具有误导性。实际上，人们常提到的高卡路里、高糖、高脂、高碳水化合物的食物，在帮助我们减轻焦虑上不会起到任何安慰性作用。相反，这些食物倾向于导致罪恶感，摄入过量的碳水化合物和糖会让我们感到疲惫，大脑运转缓慢。某些食物还会通过在身体内诱发化学反应引起或加剧焦虑。比如，血液中乳酸水平上升可以诱发焦虑。

相反地，有些食物可以增加大脑的血清素水平，血清素是一种积极的、令人感觉良好的、有镇静作用的化学物质；其他的某些食物可以帮助降低肾上腺素和皮质醇水平（正如第三章中所讨论的，这两种是压力荷尔蒙，如果分泌过量，会成为显著的免疫系统抑制剂）。

这些荷尔蒙还可以激发惊恐发作的所有可怕症状，比如心跳加速、流汗加剧、呼吸困难、脑雾[1]、不自主颤抖、头晕目眩、口干舌燥。某些食物还可以通过将血压维持在适当范围内，并提供重要的抗氧化剂来清除对身体有害的毒素，帮助缓解压力和焦虑带来的副作用。

尽管在某个焦虑事件之前，你可能并不愿意吃东西，但是舒缓你的胃可以使你镇静，防止你的血糖水平猛增。如果你不吃东西，你的血糖水平下降了，你的身体就会自然分泌肾上腺素来提高血糖水平，这样反过来就会增加焦虑。吃正确的食物可以帮助分泌镇静化学物质血清素，并且告诉你的身体一切都好，不必惊慌，不需要用光你的能量储备，因为你并不知道下一次进食是在什么时候。

---

1. 大脑难以形成清晰思维和记忆的现象。

避免吃的食物

- 咖啡因
- 单糖（糖果 / 安慰性食物 / 快餐）
- 酒精

这三类食物都会增加血液中乳酸水平，或者刺激肾上腺素的分泌。据观察，在某些情况下，仅仅切断咖啡因的摄入，就可以消除所有的症状。

推荐吃的食物

当谈到营养，平衡是关键，健康的心态可以保证营养的平衡。要注意每种食物给我们带来的营养价值，因为某些饮食（尤其是西方饮食）可能会缺乏维生素和矿物质，这两种营养对健康，包括心理健康，都是不可或缺的。

维生素 B 的正常水平与健康的心理状态有关，这可能部分因为维生素 B 可以帮助你感到充满能量，因此你就可以努力摆脱任何压抑感和负面情绪，进而可以打破界限，促使自己走出舒适区。很多因素都可以大量消耗身体的维生素 B 水平，包括糖类、精面粉食物、高碳水化合物饮食、持续的压力和某些疾病，下一部分会进行具体讨论。

有趣的是，从我自身经历来说，缺乏维生素 B 这一现象常常出现在陌生环境恐惧症患者身上，以及幽闭恐惧症或密集恐惧症患者身上。

这对于其他与焦虑相关的疾病也是如此。缺乏维生素 B 可以触发一些如压力、焦虑、不安、易怒、疲惫症状和引发精神疾病。

因此，在你的饮食中加入以下食物就至关重要。

增加复合维生素 B 的摄入也会起到作用，尤其是当你的饮食缺乏下列食物时：

- 富含维生素 B 的食物
- 绿叶食物
- 全谷物和豆类食物
- 富含钙和镁的食物
- 海藻类食物
- 牛奶
- 奶制品
- 芝麻

除了维生素 B，还有很多其他重要的食物可以帮助你应对恐惧的副作用，并促进更好的健康状态，因为它们含有特定的营养成分。

镁可以帮助调节皮质醇水平，因此要吃大量富含镁的食物：

- 菠菜
- 西兰花
- 鲑鱼和比目鱼
- 亚麻籽
- 芝麻和南瓜子

缓慢释放能量的碳水化合物（优质糖类）可以帮助你增加血清素水平：

- 粥
- 全麦谷物和全麦面包
- 燕麦和大麦（这些还可以帮助你稳定血糖和调节情绪）

在睡觉之前吃些全麦面包片可以帮助你提高血清素水平，进而使你的睡眠更好。

在睡觉之前喝温牛奶也可以帮助你提高睡眠质量。研究人员发现，钙可以减少肌肉痉挛，缓解紧张，降低荷尔蒙焦虑和情绪波动。牛奶还含有色氨酸和褪黑素，这是两种有助睡眠和缓解焦虑的天然物质。

如果你是素食主义者或者乳糖不耐受人群，温豆浆也是可以的，因为它含有色氨酸，而色氨酸是催眠化合物——血清素和褪黑素的前体物质。你还可以饮用加钙豆浆，它具有和牛奶一样的好处。

西柚、橙子、柠檬和其他柑橘类水果富含维生素 C，对人体非常有益。研究表明，压力很大的人缺乏维生素 C，而维生素 C 可以帮助人对抗因压力而释放出的毒素。

富含脂肪的鱼类，比如新鲜的鲑鱼和金枪鱼含有 ω-3 脂肪酸，对大脑的正常运转来说必不可少。大多数的营养指南都推荐每周食用两次富含脂肪的鱼类。请注意，因为在装罐过程中经受的高温会破坏 ω-3 脂肪酸，所以罐装鲑鱼和三文鱼达不到同样的效果。

红茶，比如早餐茶和伯爵茶，含有一种叫作茶氨酸的天然物质。研究表明，茶氨酸可以产生一种放松而警觉的心理感受。它还可以抵消茶的咖啡因（一种焦虑兴奋剂）作用。此外，我们都对"享用一杯好茶"的作用习以为常。要注意，向茶中加入牛奶或奶制品会降低茶氨酸等功效。喝茶还是要尽量喝不加奶的茶，这样效果会更好。

坚果对健康益处颇多。开心果尤其富含钾，因此有助于控制血压。研究表明，每天吃一把开心果有助于控制胆固醇水平，并降低压力带来的血压升高的概率。

扁桃仁也是绝佳的零食，因为它富含维生素 E，可以增强免疫系统功能；它也富含维生素 B，可以保持身体的正常功能和葡萄糖代谢，进而有助于增强应对压力的韧性。同样地，许多关于此领域的研究也推荐一天一把扁桃仁。

牛油果也有助于降低高血压。如果你喜欢高脂肪食物，牛油果是个健康的佳选；牛油果酱可以作为一种美味的小吃，也可以与鱼肉或鸡肉等主菜一起食用，或者作为美味的沙拉酱。

面对恐惧，永葆微笑。

重点回顾

- 恐惧可以来自心理或生理，但是总有办法来应对所有的恐惧。
- 焦虑并不总是表面的样子：从过度警觉到疾病模拟。
- 焦虑的形而上学与其表现的根源有关，在于不信任生命过程。
- 某些食物和营养通常会对焦虑水平产生重大影响。

第七章

核心目标：让使命推动你勇往直前

我们大多数人的内心深处都有自己真正想做的事，这是我们深植于内心的期望，它可能在我们有意识或完全无意识的状态下存在着。然而当我们现在的生活与它不匹配时，或出于任何原因忽略了它时，我们就遇到了挑战。

这时，人们就常常会迷失自我、崩溃、抑郁等。无论他们当时是否意识到了这一点，他们没有达到自己的真实期望，或者与他们生活中的核心蓝图并未保持一致，都会导致他们对生活不专注、动力不足或者分心加剧。不幸的是，很多人的确就这样失去了这些目标、梦想和野心。

避免所有这些的关键之一就是确切地知道我们想要什么，了解对我们个人而言真正重要的是什么，我们到底是谁，以及现在的我们是否与其相匹配。我们消耗了时间和精力在自认为"应该"做的事情上，我们是否真的想实现这些目标？我们是不是需要突破，毫不畏惧地改变任何先入为主的想法，并成为新的自己，设定新的抱负——在本质上打破固有的模式，创造更好的我们？

无论你的最终目标、目的和意图是什么，无论大小，实际上都没有关系。本书的目的是使任何想掌握适当方法走出舒适区的人，都能实现自己想做的任何事情。关键是，一旦我们具备了强烈的自我意识以及应对恐惧和限制的能力，一切就皆有可能！

人们在追求目标的过程，最常见的障碍之一就是对改变怀有恐惧，对走出现有舒适区并进入未知世界怀有恐惧。然而，本章和第八章的重点就是使这一过程变得更加容易，从而使未知变成令人感到兴奋而熟悉的领域，这将牢牢地印在你的脑海中，如此一来，任何对未知的恐惧都会变成对预知事件兴奋的期待。

生而为人，你真正热爱和想要的是什么

> 我一直都知道自己会变得富有，我从未怀疑过这件事。
>
> ——沃伦·巴菲特

你可以想一下，从一开始就完全知道自己想要什么，并致力于该决定的人，似乎总能迟早以某种方式得到他们想要的东西。通常你可以在这些人身上发现这一点，因为他们内心深处有着坚强的决心，并且一切都由决心所引导。

美国商业大亨、投资家和慈善家沃伦·巴菲特就是一个很好的例子。他是伯克希尔·哈撒韦公司的董事长兼首席执行官，被认为是全球最成功的投资者之一。截至 2018 年 2 月，他的净资产为 875 亿美元，这使得他成为美国和全球第三大富豪。上面我引用他的话说明了一件对我们每个人都很重要的事：坚定的决心和对决定的坚守。

就我个人而言，我可以自信地说，如果我曾经真正想在生活中有所追求，那我一定会实现。但是，有时候我发现自己分心了，对某件事感到不满意或生活轻微地偏离正轨，我就无法得到自己想要的结果。相反，我只是获得了许多挑战，这些挑战将我引向了不同的方向。

有趣的是，如果我曾经"以为"自己想要某样东西，但内心深处并不想要它，或者我并不真的相信自己值得去做，那我最终也不会得到它。

这就让我们知道，我们真正的驱动力和注意力来自何处，以及为何知道这一点会使我们在生活中获得完全不同的结果。简而言之，我们必须全心全意地追求一些东西，以便有足够的决心和动力去实现目标。我们还必须发展自我认知，以区分总是造成这种差异的原因。

以下是一些供你思考的问题：

- 你的人生蓝图是什么？
- 这真的是你自己的人生蓝图吗？还是别人为你制定的？
- 你在过这样的人生吗？
- 如果没有，你还仍然想实现它吗？
- 你是否正在尽己所能来实现它？
- 你的蓝图和期望在人生中改变过吗？
- 你现在是否在不同的轨迹上？

- 你有勇气承认这一点并对此采取行动吗？

- 如果钱不是问题，就是说你可以做任何事，那么你会做什么？

- 是什么真正阻止了你去做自己想做的事情？（表面原因的背后是什么？隐藏在背后的，才是你真正的答案）

- 你必须要做什么才能实现目标？还需做什么？还有什么？不断问自己"还需做什么以及如何做"，直到获得答案为止。

你足够勇敢，拥有信念、胆量和决心走出舒适区并获得你真正所想吗？你充分利用所有才能、思维和创造力了吗？这就是造成差异的原因。

确定航向

以下是有助于真正实现改变的关键和清单，可以帮助你确定一个正确的方向，并突显出为何某些事情可能不一定是你的最佳方向，或者它们会如何阻碍你取得进步。

真正改变的关键

- 享受你所做的事，并知道你是出于什么目的和意图而做。

- 使自己与之保持一致并和谐相处，使你的所有人生价值观与你的主要意图相符合。

换句话说：

- 是不是所有的事都能够支撑你要实现的目标，或者在实现过程中是否存在任何障碍，使事情变得更加困难或令你停滞不前？
- 你是否忙于做很多事情，但是收效甚微，为什么会这样呢？你需要更深入地考虑这一点。

现在是时候进行挖掘，发现所有障碍的根源并加以解决。只有这样，你才能发现自己的生活能够为你提供支持，并引导你朝着最佳方向发展。

下列清单将帮助你确定是否做得足够好。与朋友交谈以获取一些外部反馈也很有用，因此值得思考以下两点：

- 其他人有多清楚你的意图？
- 你对自己负责了吗？其他人的知晓会给你带来额外的驱动力。

清单

行为

- 你每天都为实现你的意图做点什么吗？
- 你现在是否抓住了一切机会？

- 你是否正在积极改变？

- 你是否经常以积极的心态思考和谈论此问题？

- 你会使用哪种语言？

- 你是在"尝试"做某事吗？正在"希望"发生某事吗？
  还是你实际上正在"做"某事？

如果你真的相信自己所做的，那么后者就是你需要使用的语言。

或者，你是不是很少考虑它，或是没有时间去考虑，而只是期望它会发生——有点像拥有一个很棒的网站，但你只是期望有很多访问者，而不用某种方式引导他们访问？

关键是始终确保你的行为与你真正想要的保持一致。如果并没有出现有助于实现你的目标的机会，就问一下你自己为什么，以及这是否是你真正想要的。

改变是如此强大，甚至令人恐惧，因此，你必须真正想得到一些东西，并且表现得就像你将要得到它一样，完全做好准备才能使它成为现实。

不要仅有梦想，更要有所期待！

性格

- 你是谁？你想成为谁？

- 你需要展现哪些特质才能实现你的目标？

- 这与你目前的性格相符吗？

来自朋友的良好外部反馈在此可能会很有用。

在本章和第八章中，都有大量资源可以帮助你更好地了解自己的性格，以及如何与自己想要的保持一致。

这是获得和发展自我意识的基本部分，从而了解"你是谁"并确定你的方向。

增强的自我意识也可以准确地揭示出为何你在实现最终目标的过程中会遇到某些挑战或障碍，即使你有意识地把表面的一切都做好，并且感觉一切都保持一致。

环境

- 你正在被有益的人所包围吗？你把自己置于有益的地方了吗？

- 你可以从周围的人那里获得支持、鼓励和启发以支持你的目标吗？还是你发现自己被拖累，没有灵感，周围的环境使你的精神挫败？

- 你曾经偶然遇到过刚好对你正在做和努力实现的事有很大帮助的人吗？如果没有，问一下自己为什么没有，你需要改变什么。

- 如果你正在与某人追求共同的目标，那么他们是帮助你前进的合适人选吗？他们是团结一致的吗？还是他们阻碍了你的进步？这是有意识的还是（很可能）无意识的？

- 他们不足够团结和坚定吗？为什么？
- 你可能需要做什么才能做到最好？

最后一点也是至关重要的一点，因为如前所述，消极情绪会像野火一样发展，会严重影响你的进步和动力。打个比方，将很多螃蟹收集在一个桶中，它们大多会努力爬到对方上面。虽然有一只正在努力挣脱，想要爬上水桶逃走，但是，其他螃蟹会在无意中将其踩回原位。就这样，追求自由的螃蟹的能量被消耗，积极性被抑制，从而难以达到目的。

想象一下，如果所有其他螃蟹都将其向上推呢？事情很可能因此变得不一样。

实践性
- 你的技能、知识和天赋与你想做的事情相符吗？
- 你是否相信你的技能、知识和天赋足够好，可以让你实现自己想做的事？
- 这可能是在潜意识中使你退缩的因素吗？
- 这是否能够助力你实现自己目标？

这是至关重要的因素，因为通常我们必须进一步发展我们的技能和资源，然后才能完全前进。当我们真正做好准备时（如果所有其他方面都保持一致），往往会发生很大变化，并且通常是在人们最不期望的时候发生。因此，切实可行地进行适当的准备和提高非常重要。

信念和价值观

正如你所知，信念和价值观是你在实现目标的过程中最重要的方面，在读完本书后，这将在你的大脑中留下深刻印记。因为如果你没有真正的核心信念，没有遵循自己的价值观，只是去做自己不喜欢的事情，你将缺乏真正的动力和积极性去获取自己想要的结果。

你需要有非常强烈的积极目标和意愿去做一些事情，来使自己进步。这就是你的使命，它被深深地刻在你的生命中。

阅读本章的剩余部分将帮助你确定你现在是否真正地与个人目标保持一致，或者是否需要进行改变。

正确的状态

无论何时何地，保持正确状态总会有所帮助。你是否经历过令你烦恼、分心或沮丧的事情？由于你的思维仍处于消极状态，快速而积极地重新专注于正确的事变得异常困难。如果你曾经经历过的话，就会确切地知道这是没有任何好处的。

有一次，我刚要离开家去接受 BBC 电台采访，有人敲门，结果一个收费员以未结清停车费为由，向我索要大量钱财。没有任何证据表明我需要支付这一费用，毫无疑问，你可以想象到这件事多么令人讨厌，更不用说当我专注于思考采访，注意力却被分散了。但是，我马上理清头绪，在去工作室的路上，我用幽默的态度从多个角度看待刚才所遇到的情况，迅速将自己恢复到积极向上的状态，这使我能够清晰地思考并尽我所能完成采访。

孩子们特别擅长立即改变他们的状态。当他们因为某事受到责备时，他们的任性、眼泪或发脾气仅会持续片刻，然后他们很快就在为其他的事情而大笑了，将刚才的不愉快全部遗忘。通常这是因为孩子的注意力和焦点已经发生转移，转移到对他们而言更重要的其他事情上了，从而覆盖了原有的状态。作为成年人，我们可以观察并从中学习如何将我们的状态改变为积极的状态，从而竭尽全力、积极地朝我们的目标前进。

立即改变状态的方法

以下是一些有效技巧的提示，第四章的"重新架构"有对这些技巧更为详细的描述。

- 转移你的注意力，专注于一些能替代分心的事物：什么对你更重要？你的更高目标是什么？
- 将意图与行为分开。

关注某人做某件事或有某种讨厌行为的原因，而不是只看到其行为本身。这可以帮助你理解他们，使你的心情平静，甚至找到解决方案——还记得苛刻的老板和入店行窃的例子吗？

- 创造资源锚——你不可阻挡的情绪状态。

这涉及记住一个让你感到无法阻挡、超级自信、激动、无所畏惧和无所顾虑的时刻，就好像你在世界上可以做任何事情一样。如果你从未经历过，请想象一下在将来的某个时候这个时刻的到来，并运用你的所有感官去联想。

- 有一些幽默感。

回忆一下总是让你发笑的东西——电影、情景喜剧中的场景或发生在你身上的事情，使你几乎无法控制自己的笑声，或者在试图保持严肃时笑出来。或者开自己或他人的玩笑；模仿人或情况来减轻压力，这也能帮助你以不同的方式看待它们。

- 外围视觉和呼吸技巧（见第四章）。无论在体育运动中（尤其是点球时）、必须专注的学习或工作中，还是在任何需要控制自己的状态、保持镇静和专注的情况下，这些方法都是极其好用的。

- 概括地说，那真的那么重要吗？那是你无法解决或处理的事情吗？在宏伟的人生计划中，什么是更重要的？

- 拥有自己的"力量话语"，可以让你停止分心，理性地分析事情，并继续前进。比如像这样的话语："赶快""往前冲""管它呢，去做就是了""不要让混蛋碾压你""竭尽全力""别挡我的路""多亏了这样"……无论什么，只要对你有用就行。

成功人士是如何践行个人使命的

通过研究那些在罹患最严重的疾病之后，成功扭转了健康状况的病人的一些关键共同点，我总结出了被简称为"GREAT"的五点要素。很快我就意识到，这些也是取得巨大成就的人们的一些关键属性。

在我看来，其中涉及的要点可以概括为"GREAT"，这是一个非常合适的词——因为如果你完全坚定地运用以下内容，伟大的事情的确会发生。

G 是目标和结果（goals & outcome），指建立明确、具体和坚定的目标。

任何人实现自己所想的事情都有目标，不论大小，并且确切地知道事情的结果。如果没有目标和结果，我们就只是盲目漂泊而已。如果没有目标，我们就没有奋斗的动力，也没有让我们保持积极性和兴奋感的来源，结果就是我们可能无法充分享受人生，遗憾地错过许多。

与洛克和莱瑟姆的经典目标设置理论以及心理学领域的其他研究相一致，我们知道设定目标与提高绩效之间存在明显的关系。具有非常明确的目标也与模糊的或抽象的目标在实现上有很大的不同。

所有成功都始于一个目标，但要使这些目标变成真实的结果，就需要明确地定义、衡量和驱动这些目标，并要有强烈的动机、意图和目的。下文将介绍更多具体的指标。

R 是责任（responsibility），指的是个人责任而不是理由。

自然的个人责任感始终与好的心态相伴，具体而言，是对"我在其中扮演什么角色"的思考。

这就意味着要承担帮助自己的责任。关注做些什么可以改善现状，为了改善自己的生活，你需要改变什么以及如何改变，而不是将责任归咎于其他方面或依靠他人，或者认为是他们需要改变。

这与自我控制有关，因为无论生活中发生什么事，你可以控制的就是自己的心态和感知。这就需要看到事物的积极方面，而不是让事物的消极方面自己跳出来。做出积极的改变，而不是感到自己像受害者或乞怜者一样。

这样做之后，事情就会开始发生变化，而且许多方面都会出现更令人满意的结果。

E 是情绪健康和积极、幽默的心态（emotional well-being and ever-positivive, humorous mindset）。

这可能是最重要的因素之一，因为如果没有健康的情绪和积极的心态，那么其他事就不太可能实现，或者至少不会最优地实现。

我们都知道负面情绪是造成局限性、精力不足和健康恶化的原因。因此，我们应积极主动地应对情绪挑战，从而提高幸福感，这种能力对于任何情况下的成功都是至关重要的。

相互依赖并保持联系是一种积极的心态，要始终关注：

- 你可以做什么：成为一个问题解决者，并在整个过程中保持幽默感——幽默感是那些取得重大成就的人普遍具备的属性。
- 积极的心态还包括感谢你拥有的所有资源和能力，并感激所有在你的人生旅途中让你学到积极经验的经历。如果你有"感恩石"，请在这里使用它。每次你对某事感激时就摸一下感恩石，这样不仅会增加积极的吸引力，将更多的类似事物吸引到你的生活中，还会增加你的积极"资源锚"。
- 感激挑战所带来的机遇。无论你当时的心情如何，总会有一些积极的发现。

A 是意识到恐慌并避免恐慌（awareness and absence of panic），指增强自我意识，避免在事情没有朝着计划进行时感到恐慌。

与任何成功相一致的是增强的自我意识，知道何时改变以及改变什么，并在自己身上识别何时需要释放能量，以及可能需要进行的后续改变。在本章以及第八章和第九章中，还有更多关于提高自我意识的内容。增强的自我意识将使你发现如何最好地发展自己，并进一步挖掘自己的直觉，从而全方位地获得更好的结果。

当事情没有按计划进行时，要避免恐慌和随之而来的负面情绪，这也非常重要。并且要意识到，你总是会因某种原因而面临挑战，而这需要信任自己可以克服挑战——你的信念有多坚定？

这也与增强的自我意识相得益彰，因为如果你确信自己了解真实的自己和完整的目标使命，你将能够通过解决无意识的根源和障碍，或者通过学习和训练来进一步推动事情发展，从而能够信任自己和应对这些挑战。

T 是不可动摇的信念体系（total unshakable belief system）。

任何成功实现人生使命的人，绝对都百分之百地坚信自己的所作所为和成果（还记得巴菲特吗？）。

如果你有坚定想法，无论在人生过程中遇到什么挑战，无论出于何种原因，你都能做到无所畏惧，并且会有所成就。

因此，如果你有任何疑问，请着究其原因。

你真的相信自己吗？

这是你真正想要的吗？

你需要战胜的怀疑只是能量无法释放造成的吗？

这很关键，因为你将从内心深处全心全意地相信自己。请记住，这是实现你的追求的根本因素。如果你拥有深置于内心的、不可动摇的信念体系，那么毫无疑问，你将会付诸行动并成为真正的自己。

现在，你可以将 GREAT 法用作简单而有效的提醒，在任何你需要的情况下都能够拿来参考。

让目标变成现实的有效方法

关于目标和方向，有两个危险的极端，而任何一个都有可能导致失败的结果。

当谈到实现目标时，人们常常会有一种紧迫感和专注感，以至于他们变得急躁不安，因此陷入困境，适得其反。他们会问"为什么还没有发生"，并认为"我正在尽力做的所有事情都出错了"。

所有这些都会导致沮丧、心烦、消极怠工、疲倦等。此外，要注意这样的评论将把焦点转移到你并不"真正"想要做的事情上。

而另一个相反的极端是，由于试图强迫自己发挥创造力并感到必须提出一些想法，导致根本无法形成结果和产出。所有这些也同样导致焦虑感和不知所措，你会因无法取得进展进而感到绝望。

除了已经说明的原因之外，归根结底是需要在生命过程中留有时间和信任，因为以上两种极端情况均表现出人们并没有完全建立好不可动摇的信念体系，以及相应的计划和核心蓝图。简而言之，当你"真正"做好准备时，恰当的时机自然就会到来。

尽管取得成果至关重要，但使其他所有要素都准备就绪，对于实现成果起到至关重要的作用。你需要练习所有的 GREAT 要素，让一切都按其指引的方向发展。你还需要对生命过程抱有信心，并遵循吸引力法则，保持乐观和积极的态度，踏上阻力最小的道路，也就是将注意力集中在最深层的核心信念体系和整体思维上，从而毫无阻力地吸引更多积极向上的情绪到生活中来。我将在第八章中进行详细阐释。当你具备所有这些要素，并花时间来让事情自然发生，改变就会在你最意想不到之时悄然来临。正如伟大的苏非派诗人哈菲兹所说的那样："神圣炼金术的成功需要一个稳定的容器。"

因此，如果你具备了所有关键要素，那么你就要相信一切会顺其自然地到来。这需要练习、勇气和坚定的思想。如果你所有的 GREAT 要素都已准备就绪，那么你就可以做到，而且你所期望的一定会发生。

然而如果你不这么想，请认真思考一下原因。回顾自我意识、个人责任，然后是情绪的健康和积极的心态。当你做好充足准备去寻找原因时，答案就会出现在那里。

无论我们是选择迈出积极的一大步还是采取小步子前进，另一个关键要素是我们需要有正确的动机。

尽管我们可能经常认为，我们还没有准备好面对某些事情，但是这其实与我们是否有强大的动机有很大关系。

如前所述，要实现生活中的任何事情，我们都需要坚定的、强大的背后动机。这个动机对我们来说一定要足够重要，否则我们不会集中精力或产生足够的动力来采取行动，或尽最大努力去实现。

在某些情况下，我们在采取行动之前可能需要对某些事情感到非常不安。一个常见的极端例子就是，人们只有在经历了严重的健康威胁或危机之后，才会采取行动来改变原有的生活方式。

相反，我们可能已经自然而然地专注于我们的意图，例如减肥是为了保持健康、穿上婚礼礼服并更好地拍照留念，或者为了参加马拉松或慈善体育赛事。

关键在于我们需要"受够了某些事"，有非常强烈的理由采取积极的行动，并保持积极的动力去实现我们的目标和最终结果。

举例来说，如果我的目标是塑造像健美运动员一样的身材，那将是浪费时间。因为虽然那可能很好，但这目前对我来说并不那么重要。我没有任何令我信服的理由，因为我的体质指数（BMI）和总体健康状况是极好的，而且我在内心深处对现在的自己感到满意。但如果我通过研究发现，超级棒的身材是 1 型糖尿病痊愈的最后一个必要的部分，那么我很可能会突然激发出塑造巅峰体形的动力。我甚至可能决定参加令人生畏的铁人三项赛！

要想了解自己对某件事的动机是否足够强，其中一种方法就是问自己如下问题，并以列表的形式迅速将答案写下来：

对你来说，生活中最重要的是什么？

列出你的答案，并标上序号，直到你想不到其他答案为止。

所写答案的顺序将反映你内在的重要性顺序。因此，你最先想到的事情，以及你列在清单首位的事情，对你来说是最重要的。它们才是真正重要的，因为它们来自你潜意识中的思想（目标获得者）而不是意识中的思想（目标制定者），后者是当你有足够的时间去思考、合理化时，列出的你深思熟虑后的重要性顺序列表。列表的顺序也将反映你的价值观——这很重要，因为它们最终会为你提供驱动力和采取行动的动机。

那么，你追求的最高目标——完全幸福、自由、成就（或代表了这些目标的事）——接近或位于列表的首位吗？

你的目标和意图对你现在是否足够重要，以让你保持强大的动机，并使你尽最大努力去实现目标？

如果它比你期望的要低一些，并且你需要更多的动机，那么请考虑一下你的更高的目标，以及为何你正在从事现在所做的事情。你需要做出怎样的改变？什么对你来说吸引力还不够？继续下去，你就会得到想要的答案！

如果你应用本书中的所有资源，保持专注并尽力而为，你会获得消除恐惧、走出舒适区的能力，并在真正的改变发生时克服这些困难，从而实现你的目标。正如前面所说，改变很可能会在你最意想不到之时发生，因此请享受并感激这一过程。

我也可以完全坚定地说，我自己的个人和职业生涯涉及许多挑战和起伏，而这些挑战和起伏正是我要成功实现目标所必须克服的。有些困难似乎无法想象，因为它们离现在的我如此遥远。因此要时刻做好准备，才能开始在生活中实现你的追求。你需要确保真的相信自己值得拥有所期盼的，并准备好克服在实现过程中所面临的一切。如果你还不相信这一点，则意味着你的局限性背后还有着更深层次的情感根源。第六章中的资源可以帮助你正面解决这些问题。

继续朝目标迈进的积极支持

就打破界限和选择走出舒适区而言，我们的决策能力至关重要。这是因为，如果我们担心做出错误的决定，或对其后果思虑良久，就会从根本上阻碍我们做出任何决定，从而阻止我们朝新的领域迈进。相反地，在我们对决策过程充满信心和无所畏惧的那一刻，我们就打开了更多的机会之窗，从而将我们的极限推向更远，因为你的每一个行为都会指引你朝目标迈进。

从表面上来看，做决策很简单，就是在两个或更多的方向之中进行选择的行为，这是我们每天都在做的事情。但是众所周知，简单不一定意味着容易。

当我们为了做出正确的决定而过度思考各种因素时，就会使事情变得复杂。在可能的选择中，不一定总是有一个"最佳"的决定。因此，我们必须竭尽所能利用所拥有的资源和知识放手一搏，并坚信我们内心深处的核心使命，当时的决定是对是错都无关紧要。从长远来看，它永远是正确的。

最终，我们将获得非常符合使命的结果。当时做出"错误"的决定仅意味着要确定到达目标的途径，无论出于无意识的原因还是需要学习什么。所有中间的部分（所谓的"糟糕的"决定）只是我们学习、从中收集资源、感激并继续前进的过程中的一部分。

如果我们能够明智地做出决定，那么我们便可以在充满挑战的时刻走出舒适区并发现以下问题的答案：

- 生活在教导我们什么？
- 我们需要从经历中学到什么？
- 我们可以使用哪些新资源来推动自己进一步前进？
- 有没有一个挑战让我们遇到了意料之外的人，这些人或事物对我们有什么帮助？
- 它如何改变了你的观点？
- 它为你提供了一个可以讲的故事吗？你注定要写一本书吗？

这一类的问题很多，答案对每个人来说都是各不相同、因人而异的，但就你的潜意识和前进的方向而言，总会有一些事情是极具启发性的。比如，你是否无意识地因一些根深蒂固的想法而惩罚自己，从而遭遇一些阻碍并下意识地做出了错误的决定？也许你内心深处感到自己需要经历困难或某些经历，才能完全有资格获得你注定要得到的东西，是吗？

因此，关键是要对此进行真正地探究，以确保没有任何决定对你来说是错误的。它与你设定的理想是一致的，并与你所需要或希望发生的事情是一致的。

尽管这是总体的情况，我们仍可以通过做出最佳决策来使我们的人生旅程更加轻松、容易。

- 即使你的决定意味着无法纠正过去的错误，也仍然可以从中汲取将来能帮助你改进决策的积极教训。
- 可以使用直觉或推理来做出决策，但两者的强力结合才是最有益的。

做出勇敢无畏的决策的有效步骤：

- 将复杂的决定转化为几个较简单的决定。你可以从更大的视野出发，询问自己最终的目的和做出决定的最终意图，从而做到这一点。你的总体目标是什么，你的决策是否与此相吻合？
- 列出所有可能的解决方案或选项，与可信赖的、公正的人进行讨论。当你寻求支持并将难题分解时，事情就看起来不那么复杂而令人生畏了。
- 设定需要做出决定的期限。
- 获取你需要的所有相关信息。
- 通过分析所有后果来权衡每种选择所涉及的风险。
- 对自己进行价值观检查：对于你而言，最重要的问题是什么，你的决定是否与此一致。
- 为了更大的利益和更宏观的目标，从总体上而言，哪项行动最有利？
- 考虑你的直觉、事实和逻辑，切勿忽视自己的直觉。

- 无论你做出什么决定，无论结果如何，你是否相信自己会尽力而为？如果你确定正以坚定的信念在行动，那你就做出了最好的决定。在确定方向时，虽然可能需要做出重大决策，但这样做很简单，同样有效。有时最小的事情会触发你所需的答案。

切实可行的解决方案

通常情况下，我们看到一个取得成就的人，很容易认为他们如此"幸运"。但我们往往看不到，是常年的挑战、流血、流汗和流泪铸就了他们的成就。

你与他们的区别是花费的时间、个人经历、应对个人挑战的信念和思维方式。

列举问题可以帮助我们培养信念和心态，因为这样做可以鼓励我们以其他视角看待问题，并找出积极解决问题所需要做的事情，还有助于在我们的思想中创造更多的空间。

将一张纸分为三栏，第一栏标题为"问题"，第二栏标题为"解决方案选项"，第三栏标题为"行动"。

在"问题"一栏写下所有限制你的问题。

在"解决方案选项"一栏写下所有解决和克服问题的可能方法。

在"行动"一栏写下根据解决方案一栏，你决定要采取的所有行动，并在完成后打钩。

尽管解决问题的某些方法可能不容易做到，但它们仍然对事情朝正确方向发展有实际帮助，因为这意味着你开始瓦解难题。之后，这将给你提供必要的经验和准备，帮助你最终解决这个问题。

这是你的"解决方案—行动清单"。每次仅完成一项，以免让你感到不堪重负。只要有可能，就尽力而为。一切都是向前迈出的积极一步，你最终会对此感觉良好。每次你解决了一个问题之后，就勾掉它。

如果你每天可以执行一项小任务，使你在解决问题上取得进展，那么事情很快就会发生很大变化，这也将有助于你将注意力集中在正确的位置。奖励你的进步也很重要——它会激励你继续前进并保持动力。

挑战	解决方案选项
筹集资金 决定要……	改变心态： 强烈地想象并感觉到你已经拥有了所需的一切——进入你思维中的那个空间。假设你已经拥有足够的资金来支持你的量子现实（第八章中有更多有关此方面的内容）。积极专注于你想要做什么和能做什么——成为问题解决者，而不是创造者。 实践： 额外的工作／储蓄／整合／家庭或家庭资助／技能／正式投资／众筹活动／销售物品／政府计划／贷款／透支／抵押／再融资／寻找一位好的财务顾问……你总能做些什么，发挥你的创意！

你还可以使用下表来设定自己的实际挑战，将任何可能阻止你解决上面所列内容的恐惧都包含进去：

负面经历	表现出的恐惧	新的挑战	意图
小时候因为贫穷，经常听到"那太贵了""我们负担不起""你不能拥有""你不能想要什么就有什么""钱不是树上长的""金钱是万恶之源"。	从来没有足够的钱来实现目标。	以不同的方式看待金钱，把它看成"货币"——流通的能量。	成功地使资金流向自己，以便自己能够做想做的所有事情。
在学校集会上被要求朗读时，感到很丢脸。		别再攥着钱不放，担心无法收回来了，这会使钱的流动性停滞。 运用吸引力法则 在当地的活动中演讲，购买演讲技巧学习课程。	实现在公共活动中享受演讲。

如果你对自己所做的事有充分的信念，并且确实想要某些东西，那么你将找到一种方法，并开始看到挑战，而不是问题或障碍。将问题解决者与问题分析者看作相对的，你能做得到！

定期在每天醒来问问自己："今天会发生什么事，让我朝实现自己的目标更进一步？"

有目的的目标

前面我们提到，确立坚定的目标是取得任何成功结果的关键要素。这里有一些简单的指南，你可以使用它们来为实现可靠的结果制定可靠的目标。

- 你的动机是什么，目的是什么？这足以确保你采取行动吗？
- 每天朝你的目标迈进一小步。通过创建外部检查，用某种方式来使自己对目标负责，以支持这一计划：请某人询问你每天的进展。每天晚上你会向其发送电子邮件以说明所做的工作，以及任何会使你感到对目标负责任的事情，以此让你继续前进。
- 应用下文中的 SMART 目标，使你的目标具体、可衡量、可实现、相关且有时限，并具有以下描述的附加要素。
- 在实现过程中树立里程碑，并相应地奖励自己。
- 运用所有感官对成功的结果进行清晰、详细和具体的可视化（请参阅第八章的内容）。

你可能已经了解 SMART 目标。这是一个用于真正阐明结果以确保目标成为现实的方法的简称。

如果将 SMART 目标与 GREAT 一起使用，你将能体验到永远作为目标的目标，与你可以实现并取得成果的目标之间的差异。因此，这一过程确实可以帮助你确定方向。

1. 塑造具体细节

在 14 岁那年，我就在成就记录中提到要写一本关于糖尿病的书。实际上，当时我并没有任何具体的计划，我也不知道为什么会树立这个目标，只是觉得那将是一个积极的追求。那时我只是知道这是我要做的事情，显然 16 年后，我完全没有有意识地计划却完成了这件事。这便能证明，根深蒂固的核心信念和蓝图是关键，直觉始终是值得信赖的。

有趣的是，我十几岁时还没有意识到这些细节的作用，我在写那本书时一直会自然而然地受具体细节的指导，直到出版为止。具体化是成功实现目标的重要因素。了解所有细节之后，我写这本书的思路变得非常清晰、精确，再加上坚定的核心信念和使命感，使得我接触的第一个出版商就与我签订了出版该书的合同。

因此，为了确切了解目标是什么，以及如何实现该目标，还有很多具体的事项要注意。例如，避免使用模糊而笼统的陈述，例如"我要改善健康"或"我要成功"，甚至"我要写书"，思考一下你想具体改进的方面。在什么情况下你会成功？具体怎么做？你的具体目标是什么？制定这个目标是出于什么目的？你的动机又是什么？

2. 让目标可测量

• 你将如何确定成功完成目标的时间？

- 如何衡量你已经实现了目标？

- 你需要什么证据？

- 你如何衡量自己的成功？你能根据什么做出判断？

- 别人怎样能分辨出差异？

- 有什么特定的标准意味着你已经获得想要的结果？

3. 想象一下你的目标，就像它是真实的

感受一下，并立即将其植入你的脑海中，这样你就真正知道自己的结果了。让所有的感官参与其中。

- 想象一下当你已经实现目标时可以看到什么。

- 想象你可以听到的声音。你对自己说了什么？比如，"是的，我做到了！"还是有人在恭喜你或称赞你？

- 现在，想象实现目标时的感受。你会感到开心、大笑、兴奋、不知所措或者惊讶吗？

- 是否有任何特定的气味？你在特定的位置吗？

- 是否有任何特定的味道？你在喝酒或吃什么东西庆祝吗？

- 一定要确保使用所有感官，使场景尽可能具体，尽可能详细和清晰。你已经知道可视化是如何起作用的——积极利用我们惊人的神经系统，是我们每个人都拥有的天赋！

4. 确保你采取合理的、相关的和切合实际的步骤

- 你需要很多替代方案来实现目标。

- 你是否拥有实现目标所需的正确资源和支持？

- 你是否拥有合理的时间来实现这一目标？

- 你是否具有所需的正确动机和思维方式？

- 你是否全心全意地集中精力和信念？

- 这是你真正想要的吗？

- 你是否还有其他灵活的选择和方法来实现自己的目标？

- 你还可以获得其他哪些信息和资源？

- 如果遇到挑战，你还能获得什么其他支持？

5. 留出时间，并避免使其没有上限

- 很多时候，当我们说想实现某个目标时，我们常常要么没有分配必要的时间来完成，要么就一直拖延下去，这意味着我们永远不会真正致力于取得成果，使得我们的目标始终存在于将来。例如，如果我没有截止日期和确切的结果，那么我可能会余生都在写这本书。

- 关于这一点，既要现实，又要具体。快速、无意识地询问自己何时会实现此目标——哪年、哪月、哪日？

- 这样一来，你一定会知道自己的结果，而你的头脑也将确

切地知道应集中精力在哪里。想象一下，就像你的目标已经实现。一定要将其牢记在心。

- 永远不要害怕承诺日期。相信自己，并记住这是一个过程，这意味着目标的各个组成部分将在不同的时间整合在一起，有时会在你从未想到或意料之外的时间。

- 在逆转糖尿病方面，每个人的情况总是不同的。就我而言，当我完全释放了情感负担，而不是首先从生理上战胜疾病时，我潜意识里知道我实现了自己的目标。请注意，时间尺度对于每个人总是不同的，但也要记住你可以相信自己的想法并坚持下去。

如果你应用所有 SMART 步骤，把它们嵌入神经中，这会使你变得专心——并且，正如你现在所知道的那样，保持专注，能量和你想要的结果肯定会随之而来！还请记住我们的思维是如何工作的，并以清晰和详细的方式形象化你的目标。你可以把想要的结果积极地编入整个神经中，从而获得现实中的实际结果。

创建愿景板——发挥创意

创建愿景板也是使你专注于正确方向、专注于真正想要的一切的好方法。它会不断提醒你为什么正在做你所做的，从而极大地激发你的动力。在这里，真正发挥创意！

日常幻想

每天，只需花一点时间闭上眼睛，观察并感受你的新生活——无论是什么，立即感受。

标题思维

如果你留下了自己的光辉事迹，那么报纸、电视、互联网的报道标题将是什么样的？人们对你的评价将是什么？当这些都实现了，你希望因什么而知名，希望被看作什么样的人？

> 确定你真正的方向并尽力争取。

重点回顾

- 在确定方向时，当我们想要的与自己真正的目标不匹配时，挑战就会出现。
- 你可以通过多种方式发现自己的道路，以及该道路是否适合你。一旦你完全确定了道路，就会发现获得所需的一切更加容易。
- 创建愿景板是一种很好的方法，你可以将注意力集中在自己想要的一切上，并在你需要提醒的时候，提供有价值的参考。
- 标题思维将帮助你思考自己的目的以及最终对你来说重要的事物。

第八章

完美状态：无所畏惧的人是怎样的

要想到达零地带需要做的是，你必须突破所有个人舒适区。此外，突破个人舒适区是一回事，但舒适区与零地带之间到底有什么差异在真正起作用呢？

零地带人格，以及第五章中所讨论的属性和心态，是处于完全不同水平的思维。这是不同的心态，不仅仅是目标，还在于实现你生活的意义以及弄清楚你"想要"做什么，而不是你"需要"做什么，并从生活中获得想要的东西。

起作用的差异在于：

- 没有非理性的恐惧或其带来的限制。
- 强烈的自我意识——非常了解自己，你可以识别自己的预期，这样当它们需要改变时，你就可以采取行动，在整个人生中不断取得最佳发展。

也就是说，你要勇于放手，并对自己和积极的吸引力法则有不可动摇的信念——你为自己预先设置的一切，都会让你相信生命的过程一直是为你服务的。

了解你自己并拥有更高的自我意识，你就会知道自己拥有根植于内心的强大力量，这样你就可以调整自己并知道自己可能会走的道路，并坚信在此过程中，发生的一切都有一个更大的目的——为你提供学习经验，从而让你朝着自己的使命不断前进。

这样一来，你便知道自己可以应对一切，并以最佳方式进行处理。

展现零地带人格并不意味着你永远不会感到心烦、生气、沮丧、被误解或容易受到生活中挑战的影响，但确实意味着你清晰地了解正在发生的事及其原因。这极大地缩短了你的不应期（你经历负面情绪并使其对身体产生影响的时间）。

"Yes" 宇宙，你永远都被支持着

"Yes" 宇宙与量子物理学一致，并且与处于零地带中人们的思维有关。从本质上来说，无论是积极的还是消极的事，只要你全心全意思考并相信，宇宙给你的回答都将是 "Yes"。不幸的是，大多数人出于潜意识的原因通常无法获得生活中所追求的东西。这就是为什么我说成功的基本要素之一，就是强大的自我意识，这种自我意识与零地带思维密不可分。

我的很多客户，无论在健康、人际关系还是职业方面，他们都没有得到自己想要的生活。据我的观察和了解，其原因总是可以归结为他们深层次的信念（根源），他们不相信自己值得拥有所追求的那些东西。这可能是非常无意识的自我惩罚。一种"不够好"的信念，罪恶感——包括幸存者的内疚、贪婪以及诸如原

罪之类的宗教价值观⋯⋯通常情况下，人们并没有把这些原因与自己联系起来，或者从未有意识地考虑过这些原因。关于这点，客户会有概念，但没有完全相信。比如，当我让他们注意到这一点，并告诉他们我并不完全相信他们拥有不可动摇的信念时，他们总是抗议道："但我确实感到自己应该获得我所追求的，而且我坚信不疑。"但是，一旦我们稍微深入地探究表面之下，找到确切的根源，就会发现实际上他们并不真正相信自己值得拥有。一旦他们真的相信了这一点，我们便看到真正的变化开始发生。

从这个角度来讲，我们都在创造自己的"天气系统"：创造风暴并期望下雨，创造晴朗的蓝天并期望太阳照耀。因此，请小心你内心深处的期望——个人的期望可能是好的，也可能是坏的。

人们经常会忽视宇宙或大自然的力量，但是我认为这仅仅是由于极端的恐惧。它在大多数人的舒适区之外：

- 了解并承认需要进行积极的改变可能是一件令人害怕的事。
- 理解宇宙运行的原理和吸引力法则可能令人却步，因为这意味着要对自己的生活承担个人责任。

因此，零地带与你内心相信并想要做的事情有很大关系，与宇宙对此说"Yes"有关，与你理解、接受并采取行动的能力也有关。零地带涉及消除恐惧，并将吸引力法则付诸实践，这是非常强大的工具，可以帮助你打破界限！

但是，无论你是否选择接受"Yes"宇宙和吸引力法则，它都始终在起作用。你要么积极地利用它，要么消极地利用它。如果你有意识地选择积极地利用它，你将到达零地带，过上非常充实的生活。

无论如何，你让自己思考和感受的事，宇宙都会做出反应，因此你会吸引更多类似的事到你身边来。

就像我经常说的那样，这是人类拥有的最强大的知识之一。如果你有正确的想法，就可以充分发挥自己的力量和潜力，领悟到这一点这真令人兴奋。这本书的后面还有其他一些富有吸引力和启发性的资源，非常值得一看，它们可以真正地改变你的生活。这些也将有助于解释"吸引力法则"背后的科学原理，以及为什么你会吸引更多真正关注的事物。

相信你的意识和直觉

关注你不同时刻的感受，并弄清楚其中原因，进而能够学习你自己的触发器，什么能够激发你的动力以及为什么。它包括当你对某件事感觉不太对的时候，能够找出其原因，并且不害怕探索它的根源。这还涉及在需要时寻找可以采取的措施……这意味着你不必担心向治疗师寻求帮助，也不必担心采取必要的措施，即使这样做令人生畏。

通过考虑并注意以下因素，可以快速有效地培养自我意识：

- 注意你使用的语言

关于你的书面语或口头语：

  - 是否友好、积极、专注于"能做到"而不是"不能做到"？

  - 是否专注于解决方案？

  - 是否朝着你或他人希望的方向发展？

  - 有效吗？还是一切都有问题，从来没有好事发生？

  - 如果一切都有问题，为什么？

  - 与别人打招呼、接听电话或写电子邮件时，一般你会用怎样的语言？

  - 你是否会经常微笑、感到轻松，还是经常皱眉、有很多隐隐的焦虑？你会向别人发泄自己的情绪吗？

  - 你通常的态度是什么样的，为什么？

- 获得客观的观点

想象某人整天在暗中观察你，并思考他们会如何看待你及其原因，这样做可能会很有帮助。

- 你可以从中学到什么？

同样地，正如前面的"30天韧性培养挑战"中所建议的那样，问问别人对你实事求是的看法。这样，你就可以获得自己的客观形象以及你自己的主观分析。

- 进行内省的自我指示

找出你个人的元程序和价值观，这也是十分有帮助的。从本质上来说，你是根据自己的心理偏好而做出行动的，这关系到你感知世界的方式、日常生活的方式和做出决定的方式是怎样的。这样可以帮助你向自己解释，为何要做正在做的事情，以及自己为何会如此思考。这些都没有绝对的对与错。它们只是构成了你自身，为你提供有关你的性格类型的指示，帮助你解释为什么有时你可能会感到矛盾。

例如，如果你从事的工作经常与人打交道，而你的性格十分内向，那么你可能已经对工作感到不安很久了，却不一定知道其中的原因。研究你的元程序和价值观，可以帮助你了解工作中存在的问题，以及如何进行改变。比如，可以引导你着眼于发展自己的职业生涯，从而获得更合适的职位或工作环境。

再比如，你可能是一个需要在生活中时不时进行改变的人，并且当你在社交场合与一群人在一起时会感到更加精力充沛，但你可能已经与一个对日常生活感到满意并且喜欢待在家里的人结婚。如果你不知道怎样协调这种冲突，使双方都保持最佳状态，那么夫妻关系很可能会出现一些问题。

你可以尝试在线个性指标测试，但请注意，这些测试的长度和实际揭示的东西各不相同。尽管如此，仅仅参与其中就能从本质上增强自我意识和理解力。

- 增强一般意识，以提高自我意识

就促使改变而言，一般意识和自我意识也是关键，这是因为思想和身体之间具有紧密联系。我们通过五种感观意识到的一切都进入我们的神经，我们所想和所感受的一切都会影响身体的反映和我们取得的结果。

意识的改变如何造成身体的改变

哈佛大学进行过一项研究，测试运动与健康之间的关系是否受思维习惯的调节。针对在几家不同酒店工作的 84 位女性客房服务员，研究人员测试了运动给她们带来的身体健康变化。

实验组的受试者被告知，她们所做的工作（打扫酒店房间）是一项"非常好"的运动，符合积极生活方式的建议。相反，对照组的受试者并未意识到这一点。

有趣的是，尽管所有其他因素保持不变，但四周后，意识到自己正在进行大量锻炼的实验组受试者的体重、血压、体脂、腰臀比和体质指数都降低了，而对照组受试者则没有变化。这一研究无疑支持了这样的观点，当我们对某些事有了更多的了解时，我们的身体会对其做出反应。

那么，请想一想：利用你拥有的所有积极和主动的知识，你将获得什么积极的成果？

加深你对思维—身体联系的理解

这是增强自我意识和理解深层次根源的好方法。尽管我的第一本书《思维、身体、糖尿病》主要是为了帮助患有糖尿病的人重新认识自己，但它也是了解和探索思维—身体联系的非常有效的资源。

应用所有这些因素将极大地帮助你增强自我意识，从而让你不受恐惧和限制的烦恼，过上最好的生活。

增强直觉

直觉与感觉、预感和敏感性有关，与表达情绪和情感有关，无须进行理性的解释。

简单来讲，直觉代表了我们本能的感觉。直觉非常重要，因为它是我们潜意识的大脑运行的方式，也就是说，大脑的一部分会控制身体并保障你的安全，而你并不会有意识地察觉到。通常，直觉使我们能够识别或警惕某些事情，同时我们并不需要知道其中的原因。我们应该学会凭直觉做事，这样才能更好地理解和利用直觉，从而获得最佳结果。

调节并信任直觉是我们可以使用的最重要的生活技能之一。有时，直觉会强烈"召唤"你采取行动，纯粹是出于本能，而不是因为任何有意识或具体的原因。

一个典型的例子就是，当你与某人相处感到不舒服时，你似乎会处处对其吹毛求疵，就是找不到对方值得欣赏的地方。没有逻辑上的理由或任何事实可以证明或解释你的感受，但你的确感受到了。

其原因是你的内心深处发现了不对劲；也许是因为某种深层次的内在记忆，你正在建立潜意识的链接，从经验中学习，或者发现了此人一些你甚至尚未清楚了解的东西，这就是我们的直觉在起作用。例如，当夫妻婚后过了很长一段时间的幸福生活后，你会听到他们说："我们初次见面时，我就知道我们会结婚。"这种强烈的情感归结为直觉，两个人内心深处都有的一些感觉将彼此联系在一起，并使彼此得到相互的保证——也许他们两个人都具有某种共同的感觉，这种感觉与被爱、安全或舒适的感觉联系在一起。他们的大脑甚至可能会感到深深的协同一致，或者预感到未来生活中将出现一些未知的精彩。

无论是积极的还是消极的，我们的直觉都是为了保护我们，如果你顺应直觉以及你内心深处对人生的期望，那么我们的直觉始终是百分之百在线的，它将以正确的方式指导你。最终，它将与你的所有其他信念一起支持你，从而为实现你的目标提供必要的新知识和资源。一个很好的例子就是，当我感到法律职业领域对我而言并不适合时，这是我的直觉，它强烈地引导我朝向今天的道路前进，这也与我 10 岁时的直觉一致，始终相信自己会逆转糖尿病，"知道"我会在 14 岁时写一本关于糖尿病的书，并且我想当外科医生。无论如何，我的直觉（尽管这在当时带来了很多挑战）最终将我带到了想去的地方，从而与内心最深处的核心目标保持一致。

对我们所有人而言，越相信自己的直觉，结果就越好，因为相信直觉有助于我们更加自信地做出决策，完全放手并信任自己，勇往直前，超越界限，走出我们的舒适区。

但是，由于我们接受传统方法的教导，而且我们大多数人都受过标准的教育，从事正式的工作，因此在这个社会里，我们时刻准备好用左脑思维：关注逻辑、理性、清晰的证据、事实和数字等。逻辑当然有它的优势，并且我们做事确实必须要合乎逻辑，但是过多的左脑思维会限制我们的直觉能力发挥作用，并可能导致人们质疑自己的直觉或认为它十分荒谬。

但是，如果我们仔细观察潜意识的大脑，就会明显地发现，直觉总是能够解释所有的左脑数字信息。这些信息一旦被检测到，就会存储在潜意识中，尽管我们通常不会因为一个简单的事实而自觉地意识到它，如果我们这样做的话，大脑就会超负荷运转。

值得一提的是，当我们的潜意识和意识不一致时，我们在生活中就会经历情绪动荡和思想斗争，这不仅会造成可悲的事态，还会给我们带来更多限制，阻止我们前进，阻止我们突破界限，阻止我们体验真正想要的生活。

米尔顿·埃里克森博士是以治愈能力而闻名的精神科医生和临床催眠治疗师，用他的话来说："患者之所以是患者，仅仅是因为他们有意识的思维与他们无意识的思维分裂了。"从本质上来讲，他的意思是，当发生深层次的冲突时，信念和有意识的思维很可能会与你的直觉相抵触，从而导致心理或身体表现出不和谐。

加深对直觉的理解会帮助你更轻松、自信地做出决策，走出你的舒适区。

很多非常成功的人也被称为直觉良好的人。英国企业家兼亿万富翁理查德·布兰森就是一个很好的例子。他在书中讲述了自己的直觉故事，描述了用直觉做出的商业决策，或他凭直觉在富有挑战性的冒险中做出的决定，这些决定为他带来了巨大的成功，并在和运气的较量中拯救了自己的生命。

清楚地了解自己的直觉，可以很好地指导你调节自己的潜意识，进而帮助你继续突破极限。

运用以下直觉指标，可以提高你的直觉能力。

以下是一系列与直觉倾向一致的 20 条常见陈述，每条陈述与你产生的共鸣越强烈，则表明你的直觉水平就越高。

要记住，我们每个人都有直觉，只是程度与方式不同，这项练习将帮助你识别出你所表现出的特征，以及你个人所处的位置，这样，你就可以发现增强直觉的可能性有多大了。

直觉指标：

阅读以下陈述，思考每一项陈述你会给出怎样的回答，请给出 1 到 3 之间的分数——从不、有时或总是：

- 如果你有强烈的直觉，你相信直觉超过逻辑，因为直觉通常是正确的。
- 遇见新的人后，你会立即产生一种积极的或消极的强烈预感，并且从长远来看可以得到证实。
- 当你迷路时，你可以凭直觉成功地找到回去的路。
- 你对感觉极为敏感，并且无论你是否愿意，通常都会与他人产生共情。
- 你知道自己在这个世界上的人生目标或使命。
- 你不介意跟着感觉走，做与严格计划和常规相反的事。
- 每当你忽略一个直觉时，你往往发现自己后来会说："我知道我应该相信自己的直觉。"
- 你做了生动的梦，然后现实中发生了梦中的事件。
- 你的创造力通常是受到梦和随机想法的启发，这些梦和想法成功地实现了你的梦想。
- 在好事或坏事发生之前，你常常有积极（兴奋／快乐）或消极（焦虑／悲伤）的感觉，而无法做出解释或并不知道原因。
- 你经常发现自己会说"我就知道会这样"，尽管有些事当时无法解释，但后来证明你是正确的。

- 你在事先并不知道的情况下，能感觉到所爱的人受伤或死亡。

- 你通常会根据自己的感知或强烈的感觉，在与权威专家／家人和朋友的建议相违背的情况下做出重大决策，而这总是最适合你的。

- 人们经常形容你是"有创意的"。

- 人们经常开玩笑说你一定是"通灵师"。

- 你本能地知道某人说话或做事别有动机和意图。

- 在别人开口之前，你就会知道或强烈地感觉到他有不对劲的地方。

- 你预见过未来会发生的恐怖袭击、自然灾害、犯罪、疾病或死亡。

- 如果你有重大决定要做或对某件事不确定，你会放松并进行冥想，相信正确的答案会出现在你的面前，从而做出正确的决定。

- 你可以轻松地与从未遇见的人或从未去过的地方建立强烈的联系感。

现在，将你所有的得分相加。尽管大多数人的得分在20到40之间，但是我们可以将直觉一直发展到60分。很自然地，我们对自己了解得越多，就越愿意探索自己的思维力量和容量，也就越可能发现自己拥有的直觉，同样，我们可能会更有信心进一步突破自己的界限。

直觉得分

警觉雷达（20~30 分）

这实质上表明你能够使用直觉来应对紧急情况，比如，当你觉得某件事情很不对劲而你的生命可能处于危险中时。因此，有时候直觉会引导你采取行动，从而挽救你的生命。比如，我记得小时候我们全家打算去塞浦路斯度假，但我父亲对此次假期有一种奇怪的直觉，因此改变了目的地。后来我们才得知，飞往塞浦路斯的航班会在跑道上爆炸！

这项惊人的能力显然非常重要——甚至可能会影响生与死——如果你足够相信自己的直觉，以至于从不害怕按照直觉采取行动，那就更好了。

要想获得更高的分数，你需要更多地倾听自己的直觉，包括所有的顾虑和预感……相信它们，不要害怕自己的感觉。只要听从并探索直觉，我们所有人都具备这项能力。

情绪雷达（31~40 分）

得分在 31 至 40 之间表示你对他人的感受特别敏感，并且可以与人建立非常紧密的联系。这包括理解他们，感受他们的预期情绪以及同情他们。你可能经常会觉得自己和附近的人处于同一波长，发现很容易与他们产生联系。因此，你倾向于使用自己的直觉来感受他人的情绪。

当积极地用于发展良好的人际关系和帮助他人时，直觉自然是一种强大的能力。直觉还可以延伸出更多的用途，你可以尝试继续探索其作用，并在更广泛的背景下应用直觉。显然，你很擅长积极调整自己的直觉并使其发挥最大效果。请享受探索直觉的过程，进一步突破自己的界限，从而充分信任自己的内心声音，看看它能带给你什么。

指导雷达（41~50分）

得到这个分数，证明你是直觉很强的人，并且非常了解你的个人情感以及你与宇宙的联系，你很清楚直觉在各方面都非常有用。你知道如何运用自己的直觉，并相信直觉能帮助你在生活中取得最佳的结果，尤其可以帮你提升创造力，帮助你不断向前。

你对直觉运用得越多，就越能够信任直觉。你将发现，直觉会对你的生活产生巨大的影响。

超直觉雷达（51~60分）

恭喜你！你已经掌握并信任这项绝佳的技能了，这表明你在舒适区测试中的得分也很高。

显然，你能够自觉地潜入无意识和潜意识，从而为你和他人创造最佳的结果。无论结果是好是坏，还是中性的，你都深信自己的直觉最终会引导你走上正确的道路，朝着实现人生的使命和目标迈进。

因此，你已经意识到使用直觉的好处，你可能会定期进行冥想，并愿意尽可能地增强自己的直觉，你喜欢这样做，并会获得强大的、深刻的、无限的结果。

对你来说，真正的问题在于你选择在多大程度上运用自己的直觉，享受探索新的界限，去追寻独特的发现和更高的目标。

增强直觉的资源

根据直觉指标测试，你的直觉得分越高，就越有可能走出舒适区，因为你的直觉将始终向你发出信号：你这样做是否安全，是否正确。这并不意味着你始终能做出正确的选择和决定，但从长远来看，对于你最终的目标，你凭直觉做出的决定永远是正确的。

无论你的直觉指标测试结果如何，下一步都是着眼于如何更好地利用潜意识，增强自我意识和一般意识，并充满信心地信任自己和生命过程，这样才能最大限度地增加这种奇妙的自然资源，从而支持你的核心信念、蓝图和期望。

- 更加注意你对某种事的身体感觉，并问自己这种感觉到底是什么。

就个人而言，当我对某些事感到极度紧张时，与我只感觉到"自然的"紧张时大不相同。这时我便知道我的潜意识正在提醒有些事出问题了。

过去，当某些事情出现严重差错时，我也会收到身体上的提醒。有时我的肠胃有一种非常严重的不好的感觉，并导致一种强烈的身体反应——我会感到恶心和发烧（对你来说可能这是形而上学，但这种情况确实使我从内心感到不适，并且在精神上以及因此在身体上对其产生反应，因为这种感觉让我热血沸腾，让我想把它从我的身体里清除出去）。有趣且令人放心的是，随后发生的一系列事件（由于我病得很重）使我朝着安全的方向前进，为我提供了实现最佳结果所需的一切。

你要注意到，是否有某事让你"烦扰"，以至于使你感到不适，这时你要对其提出质疑——这到底是什么一回事？

要注意你对事物的自然的、本能的情绪反应，然后再次提出疑问。

比如：

- 你是否无缘无故地突然哭了起来？
- 对某些事情突然感到愤怒和生气，但不知道为什么。
- 你是否因为某事傻笑，但其实并没有什么可笑的。

注意你无法用理性解释的情绪，并质疑为什么会这样。

- 你的潜意识在试图告诉你或提醒你什么？
- 你真正需要解决的是什么？

这表明从直觉上来说，你对某件事感到满意或不满意，或对某事感觉完全正确。

- 每天或每周，在你的日常活动中增添一些随机的、完全不同的事项，这样可以让你在常规中得到新鲜、振奋的感觉。

可能只是步行去咖啡店，但这样的活动可以让你有机会身处于不同的环境中，改变你周围的风景和你的关注点。这是一种积极的分散注意力的方式，有助于提升你的创造力，并在你的脑海中腾出空间，从而使你有更多的机会聆听自己内心的声音。

我敢肯定，你曾经有过这样的经历——你出门散步时，或者在某个随机的地方，你突然出乎意料地意识到了什么或做出了一些决定。这样的改变为你自然而然产生想法创造了空间。你的直觉感受并接收到了来自你内心的声音！

- 有意识地决定信任自己并养成习惯。

试着摆脱束缚、恐惧和限制，从而从内心信任自己并摆脱意识的混乱，以便你可以将重点转移到正确决策上。就像你曾经在堆满杂物的房间里丢了东西一样，无论怎么找，你都找不到，但最终你会找到它——通常是在你放弃努力去寻找它的时候。

因此，尽管有时候你似乎很难找到答案，但是你确信自己知道答案就在那里。它可能被深埋在某处，但如果你相信自己，答案就会来找到你。

- 进入正确、平静的状态。

保持平静状态是关键，否则你将无法听到任何内在声音或注意到自己的真实感受。第四章中的技巧将对此有很大帮助。

- 利用脑波冥想。

有很多不同的冥想方法都有很多好处。冥想的基本原理是清除和整理思维，使你的直觉得到加强，并使你容易与潜意识交流。

我在这里建议进行脑波冥想的原因是，它是使用双音节拍音乐来降低你的脑波活动，从而使你从压力状态转变为平静、放松状态。科学证明，在此状态下，无意识思维是最有效的。

另外，根据你自身的兴趣，诸如祈祷、听音乐、做园艺、散步、为图画上色或制作手工艺品等活动也可以作为冥想的形式。当然，你内心深处了解最适合自己的方法。

这些方法的最终目的是帮助你摆毫无益处的意识思维，如果你的头脑平静，没有意识干扰，你的思想将有空间和能力允许更多正确的事物涌入进来，发挥作用。就像你边摇晃杯子边向杯子里倒水，与保持杯子静止不动相比，你最终在杯子里得到的水要少得多。

你需要做的准备

在进入预先决定命运的、令人兴奋的量子世界之前，至关重要的是要确保你完全放开并消除了恐惧，这样就没有任何事能够阻碍你。

找到你真正的追求也很重要——区分你可能想要的、内心真正想要的以及最终的目的。这样确实会使你的人生之路变得更加顺畅。

人们认为自己想要的，与符合生活蓝图的、真正想要的事物之间存在差异，以下就是我有关于此的个人经历：

从 14 岁起，我就准备成为一名律师，因为老师和包括当地法院法官在内的其他一些权威人士告诉我，我会很适合这一职业。很长一段时间以来，我一直以为这是自己真正想要的，我完成了高中课程后进入了法学院，毕业后又从事了相关的工作。

但在此过程中，几乎你可能想到的每个困难都在我身上出现了，从伴随严重症状的无法诊断的罕见遗传病和 1 型糖尿病，到后来因此出现的财务问题、人际关系问题和许多其他同样令人惊讶的问题。这一切都使我发疯。当时，我完全想不通。

我终于意识到（或承认）法律实际上不是我的真正目标，并且它实际上与我的许多深层次价值观相抵触。

经过大量的自我分析后，我意识到我只是以为自己想成为一名律师，因为有人说我会很适合并随后受到了鼓舞。我突然意识到，我自己并不会选择这条路。我一直对健康、医学、康复和帮助他人更加感兴趣。

最终我意识到，由于没有人鼓励我参加学校的理科课程，所以我有了非常深的潜意识信念。我需要对此做出真正的改变，否则生活永远不会与我的真实蓝图保持一致。

最终，我决定学习自己真正想学的东西，并且几乎在很短的时间内（尽管面临各种挑战），我就获得了博士学位并进行了成功的实践。我是该领域的作家，并且开设了培训课程。

由于外部影响、我们自身的局限性信念或冲突，我们会有一些自认为想要的追求，因此，确定我们内心真正想要的就至关重要，这甚至会改变我们的人生。

生活发现模型

此模型可以帮助你检查生活的各个方面，并有助于突显不一致和产生冲突的地方。

我们的生活由方方面面组成，以至于太容易错过真正需要实现或改变的方面。尤其是有时候，这些方面是我们的意识不了解的或从未高度关注的。因此，我们内心可能会发生无意识的冲突，这种冲突只能通过我们的身体或心理健康状况向我们展示，而我们并不一定会察觉到。但是，当我们花时间审视生活时，令人难以置信的结果就被揭示出来，这不仅有助于调整我们的长期和短期愿望，还可以帮助我们发现真实的意义和目的。

该模型基于生活的五个主要方面（状态、情绪、身体、实践和精神），它们塑造了我们是谁和我们的感觉。它可以将你目前正在经历的生活与你想要经历的预期生活进行比较，你可以发现如何让这两种生活相匹配，从而揭示出你想做出哪些改变，你将能够看到自己真正想要的一切，并发现所有你未意识到自己想要的新事物。

在你完成这一模型的过程中，模型给出的答案可以使你感受到所经历的生活有多么充实和满足。最重要的是，你需要做些什么来让自己感到完整，以及你需要在何种程度上推动自己拥抱那种满足感。

为了快速发现你最希望改进的生活领域，以及你当前所满意的领域，你可以比较对钩（表示快乐）和三角形（表示需要改变）的数量。

生活领域	当前	迈向快乐状态	渴望
职业 / 储蓄 / 就业状况	警官	▲	发展自己的事业
个人兴趣（时事 / 旅行 / 时尚 / 商业 / 人类学 / 政治 / 美食等）			
个人和专业发展（课程 / 阅读 / 研究 / 旅行 / 研讨会等）			

生活领域	当前	迈向快乐情绪	渴望
关系（单身 / 约会 / 已婚 / 离婚）			
家庭（亲密 / 孩子 / 父母）朋友（好 / 亲密 / 很多 / 能给予支持）			
情感支持（谁能提供什么样的支持? 有多强大? 有导师吗?）			
情绪健康（始终满意 / 高兴 / 不高兴 / 喜怒无常 / 上上下下 / 沮丧 / 有压力 / 困惑等）自我理解和认识（优秀 / 良好 / 平均 / 差）			

生活领域	当前	迈向快乐身体	渴望
身体健康（优秀 / 良好 / 中等 / 有不适 / 疾病）定期活动 / 运动			

生活领域	当前	迈向快乐生活	渴望
性生活（快乐/满足/一般/遇到挑战/无）			
生活方式（社交/爱好/吸烟/饮酒/饮食/假期/休息）			
财务（收入/个人交通工具/房主/债务/投资）			
安排协调（生活安排/工作/旅行/压力/时间）			

生活领域	当前	迈向快乐精神	渴望
个人对生活的贡献（你迄今为止为人生做出的贡献——挽救的生命/书籍/员工/发明/教学/研究等）			
更高生活目标——对你来说的成就（帮助/治愈/娱乐/创新/启发/领导/发展等）			
宇宙连接（利用直觉/冥想/形象化/探索/研究/应用吸引力法则——量子/形而上学领域）			

例如，如示例所展示，在"当前"一栏中，写下与左侧列出的类别相关的当前情况。如果对此感到满意，请在它旁边的右侧栏中打钩。相反，如果你对此不满意，或者只是想做出改变，则在同一列中放置一个三角形。在"渴望"栏中，写下你想在左侧所述的相关生活领域内尝试或实现的所有新选择。在"迈向行动"一栏中，写下你可以采取的所有行动，使你的现状从目前的状况转变为更理想的状况，以实现更加充实的生活。回顾模型，作为一个整体：

- 统计你拥有多少个对钩和三角形。
- 看看结果，明确你最想改变或发展哪些生活领域。
- 查看哪个部分你最满意，在那里可以找到更大的意义和兴趣。

然后查看行动一栏，并注意：

- 什么是真正阻碍你决定要采取的行动继续前进的事项。如果你不断问自己为什么，将帮助你发现根源。

现在，用你想到的第一个 100 以内的数字，给自己一个百分数，显示你现在的完成度。

现在，看看你的模型，必须怎么做才能使该分数达到可能的最高水平？

例如，如果你给自己的完成度打分是 76%，那么要想达到最高的完成水平，还需要的 24% 是什么？

如果不确定，填写下表可能会有所帮助，已填写好的示例将为你提供一个参考。

人生中的各种体验	未探索过的	你想要探索的
旅行	各大洲	利用休学年或空档年到世界各地旅行
学习与教育 文化 创意艺术 （剧院 / 戏剧 / 舞蹈 / 写作 / 制作 / 电影 / 音乐 / 艺术 / 设计 / 表演 / 魔术等） 娱乐 / 喜剧 治愈、健康、形而上学 宇宙认识和联系 （量子物理学 / 冥想 / 灵性等） 对自我的理解 工作机会 新的爱好和兴趣 建立或扩大家庭（孩子 / 宠物） 新的职业 / 工作机会 商业 / 投资 / 辅导 / 教练 / 慈善		

- 你觉得自己最需要做什么，以及出于什么真正目的？

- 你实际上想做什么？

- 你的驱动力是什么，事业、自我、家庭？

你为以下对象而做事时是否能找到意义：

- 特定群体

- 社会责任

- 家庭

- 事业或慈善

- 个人意图

- 全球更大的利益

所有这些都符合你想要的吗？

你需要采取什么措施才能达到最大的完成度，获得成就感？

现在，你可以用所有答案来构成最终的行动清单和生活清单——列出你想要或需要做的一切事情，享受一段成功的人生旅程，没有什么可以阻止你。

像火箭一样冲破所有限制

现在你已经差不多读完了这本书，研究了你所有的恐惧、限制、束缚，并且知道了完全放手成为零地带人格所需的条件，如果你还没有准备好，在任何情况下，你都可以通过某些方法确切地了解自己想要的生活。

现在，我们可以对量子进行一些有趣的操作，并将其变为现实。

当涉及量子物理学、量子现实或身心形而上学（形而上学是事物的最基本原理，包括诸如存在、健康、认知、身份、时间和空间等抽象概念）时，理解和应用它需要无限的思考。这肯定是"非舒适区"，下面的引用很好地总结了这一点：

> 现代科学的发展对人类思维的影响，没有比量子理论的出现更深刻的了。摆脱了拥有数百年历史的思维模式，一代人以前的物理学家发现自己不得不接受一种新的形而上学。这种重新定位造成的困扰一直持续到今天。基本上，物理学家遭受了严重的损失：他们对现实的坚持。
>
> ——布莱·德威特和尼尔·格雷厄姆

现在，勇敢者可以探索、进入和利用一个新的、令人兴奋的现实……

量子现实

如果你想进一步学习，可以找到许多与此主题相关的优秀书籍和其他资源。这是一个非常引人入胜的主题，非常值得探索。

在本章中，我们谈论的是量子现实，而不是通过视觉、听觉、味觉、嗅觉和触觉这五种感觉感知到的一小部分现实。

当我们谈论量子现实时，我们指的是基本的核心物理原理，就像粒子和能量一样。

众所周知，量子现实是一个存在于时间和空间之外的地方。在这里，思想、信念和情感等精神领域与物质领域相遇，共同决定未来的结果。

我们通过五种感觉感知到的物质世界仅占现实整个结构的很小一部分。量子物理学家发现，一个健康的人脑每秒可以处理超过 4000 亿比特的信息。在这 4000 亿比特的信息中，我们仅有意识地知道大约 2000 比特。

纵观全局，这表明我们对现实有意识的了解是微不足道的（低于 1%），因此，我们对现实的理解大部分是在五种感官之外发生的，并且至少部分地由物质和无形的能量之间的互动构成。从本质上来说，我们经常通过深层的信仰体系、思想和情感（创造的所有能量并被确定其是积极的、中性的还是消极的无形元素）来决定我们的未来，我们甚至没有意识到自己这样做。这就是引发"吸引力法则"的原因——真正的积极性和对某事物不可动摇的核心信念吸引了更多相同的正能量，并使宇宙做出相应的响应。同样，正如我们前面所提到的，在消极环境中，持续的负面循环也是如此。

当我们意识到量子时，这样的启示特别令人兴奋：想象一下我们可以从中进一步得到什么？我们可以通过深层的内在信念体系和思维有意识地决定自己，然后进入我们想要的生活。

有了这些信息，我们就可以将目标嵌入未来，从而进一步实现目标，真正使它们成为预先确定的期望。

尽管我们倾向于将记忆视为过去发生的事情，但实际上，记忆只是我们编码、存储和检索当今世界之外的信息的过程。因此，我们也可以拥有"未来的记忆"，或者换句话说，强大的愿景和深刻的内心信念，决定我们的前进方向。

以下是两个令人难以置信的量子物理学，以及确定积极结果的吸引力法则的案例。我的一个客户贾丝明把它们都告诉了我。在我和她就"焦虑"（在第六章中有记录）进行治疗一段时间后，她正取得一些进展。

可能很容易将这种事情归为巧合，但我们还是通过思维和深层次的信仰体系，有意识地或无意识地将这些"巧合"创造给了宇宙。你要记住"关注什么吸引什么"，因此，一旦你选择积极地面对生活，你的生活就会发生天翻地覆的变化。

尽管我们无法控制他人的吸引力法则及信念，但可以控制我们与他人的互动和反应方式，以及将我们指引向何方。

因此，从微小到无穷大，当了解背后的科学并采用正确的思想、信念体系和积极的核心时，我们就可以确定自己的"未来记忆"和积极的吸引力法则。

镌刻在星空

这是一个熟悉的表达。这里我们将探索其背后的科学原理，并用工具来创造属于自己的镌刻在星空的文字。

读到这里，你已经在努力确保没有有意识或无意识的能量障碍，并且你知道自己最终真正想要什么，并在内心确信这一点。

我正坐公共汽车去见朋友，结果在偏远的乡下汽车坏掉了。司机告诉我们，接应的巴士要两个小时才能到达我们这儿，但我心里想，并相信"我不会在这里待那么久"。等了15分钟后，我身后的一个人轻拍了我的肩膀，问我是否要和他们打一辆出租车。我当然要！顺便说一句，当时他们全都要去参加家庭聚会，我与他们一起度过了一段非常有趣的旅程——他们甚至邀请我跟他们一起喝一杯。

在所有座位中，我选择了坐在这个家庭的前面，所以他们邀请我共享出租车。如果我没有意识到这一点，我真的以为我会经常遇到坏运气而没有希望获得成功。虽然这令人难以置信，但只要建立积极的吸引力法则，量子世界就可以发挥作用。

我和朋友一起购物一整天，他们注意到我随身的手提包不见了。我原路返回，试图找回我的手提包，但毫无所获。我的朋友们坚持认为有人偷走了它，并认为总有一些坏人会干这样的事。但我心想："我会找到它的，我知道有人会把它交出来的。"

后来，我与朋友分开走了。但我仍然对这件事的结果有不同的看法，所以我决定回到刚才逛过的商店——这次，有人把我的包还了回来！尽管遇到了困难，但我的思想、深层次的信念以及再次返回的决定导致了另一个积极的结果。之前的我可能只会听从朋友的话，因失望而离开。

对于任何人来说，"镌刻在星空"或"总是会发生"的事物之所以如此，是因为人们一直对自己无意识确定的事物抱有如此强烈的信念和自然倾向。

简而言之，我们所有人都有"镌刻在星空"或"总是会发生"的事情，因为我们都有自己的潜意识和蓝图。但是，许多人让这种想法被负面的信念和价值观所掩盖或阻碍。比如我们前面讨论过的，"类似的事情不会发生在我身上"，尤其是在"Yes"宇宙的背景下。

但好消息是，凭借着强大的自我意识并且通过本书的学习，你可以去追求自己想要的，并经历生活中即将发生的积极变化，从而支持你朝这一目标前进。

如何使用量子创造未来现实

你可以访问我的网站，获取关于这一过程的免费音频，包括音乐。

安装过程

1. 了解你实现自己追求的意图，并将其作为重点。

2. 想象你已经生活在这一现实中了——就像第七章中 SMART 目标那样。

想象一下，要成功实现这一目的所必须完成的最后一步。你如何知道这是现实？

清晰地看到你所能看到的，带有尽可能多的细节——看到了谁？看到了什么？你在哪里？你穿着什么？在你周围还能看到什么？你看起来是什么样子？注意到你看起来有何不同。

听到你所能听到的声音——能听到任何声音吗？有人对你说什么吗？你在自言自语吗？

关键因素是"感受"变化！如此紧密地联系在一起，以至于整个身体都融入其中——让你的每个细胞都感受到那一场景。享受这种转变，观察你是否通过身体或外部表现以某种方式表达情绪。

- 你闻到什么气味？
- 你品尝什么味道？

运用所有可能的感官，使这种体验尽可能明显、真实、详尽和清晰。 这就是你的现实。为此，请在你的脑中创建一个永久性的空间，这样你就可以每天来到这个空间。请注意，你需要练习和专注；你不能进行一次就实现！

3. 现在听一些脑波音乐，最好是伽马波音乐。切记要佩戴耳机才能充分利用脑波技术。

4. 现在花 20-30 分钟完全投入连接你的未来现实……看到你所能看到的，听到你所能听到的，感受到你所能感受到的深层次核心感受，并吸收你周围的所有气味和味道。

在整个过程中，真正让自己放手去感受变化——细胞的变化和肠道的变化，感受有何不同。

5. 在此期间，做出决定。

在你离开自己的冥想之前，决定改变，从原有的旧性格（具有局限性和恐惧感）到新的无所畏惧的性格。

6. 现在走出这个体验。

想象一下，你感觉到的体验就像是手中的照片。激动、高兴地看着这张照片，保持专注于这些相关的感觉，深呼吸三次（用鼻子吸气，用嘴呼气），并感到正能量涌遍你的身体，沿着你的双臂，进入未来记忆的这张照片。手里要一直拿着这张积极改变过的照片。

7. 准备前往你的未来。

现在，仍然拿着这张充满活力的照片，闭上你的眼睛，想象一下迈向未来的步伐。

8. 停下来，在你认为合适的时间和地点的上方盘旋。

避免强迫自己这样做，让它顺其自然地呈现给你。如果它确实存在于你的深层信仰体系中，那么你可以相信自己的大脑会知道这是正确的时间和地点。现在，将你拍摄的未来记忆轻轻地植入未来的生活。看着它飘落，然后完美锁定。当你这样做时，确保听到它已锁定到位，现在它已牢牢锁定在你的未来中。当你这样做时，听到锁住或关闭的声音。

9. 回到现在。

一旦完成此操作，你开始回到现在的生活中，请注意当你向下看时，生活中的一切都会相应地进行调整和排列，来支持你已经成功获得的未来记忆。要知道，从现在开始发生的所有事情始终都是出于某种原因（无论当时感觉良好、具有挑战性还是无关紧要），以支持最终结果变为现实。

10. 漂回你现在的身体，享受吧！

记住要不断访问并在脑海中感受你的量子现实，感受变化并接受你所做的全新决定。尽情享受并习惯你创建的、全新的无畏人格。

尽可能定期地重新审视自己的现实，让全新的自己做出必要的改变，并在内心做出决定。请记住，唯一的现实就是你自己的现实——你脑海中所展现的一切都选择了成为现实。

现在，你的结果已通过你的每一种感官和每一个细胞深深烙印在你的整个神经中。你知道本书前面已经讨论过的身心连接是如何工作的，以及宇宙在纯物质物理学之外的运作方式。所以，你知道有很多值得兴奋的事。

我已经和许多人（包括我自己）一起完成了这一过程，并且我一直都知道，只要你充分相信，它就能运转良好。尽管有些人可能难以相信这一理念，但它确实能打破一些常规的信念和思想界限，你越能欣赏我们的神经和宇宙的神奇原理，就越容易接受这种方法，你也能更大程度地走出舒适区。

任何人只有有所想，才能够体验到非凡的成就，但这必须从正确的心态开始，并使自己完全适应并做出必要的改变，从而拥有你想要的那种人格。你的目标将成为现实，感受到最终的结果、意图和更高的目标正在发生。

> 宇宙一直在倾听，而量子物理学正在发挥作用——无论是好的、坏的，还是中性的。

重点回顾

· 到达零地带将完全释放非理性的恐惧和限制，培养能让你享受突破界限的人格，充分了解自己及目标，并始终努力实现目标。

· 到达零地带意味着充分理解宇宙的运作原理，认识到"Yes"宇宙并让其为你发挥价值。

· 这也与自我发现和增强自我意识来了解自己和他人有关，因此你可以在必要时积极适应和改变，充分利用一切。

· 对量子和形而上学的欣赏、自省性的提问和理解、增强直觉、仔细地研究和应用生活发现模型，并敢于实际地进入量子，将对你大有益处。

第九章

复盘：重新进行舒适区测试

在第一章中，你得到了舒适区测试分数，能够看到自己能在多大程度上走出舒适区、打破界限。

现在，在读完本书的内容，并应用所有相关方法以帮助你打破个人界限之后，你可以回到第一章再进行测试，看你已经取得多大的改变，你也能从中发现任何你仍未解决的问题，从而不断前行，成为你想成为的人，享受不受限的零地带人格，过上充实的生活。

在重新进行测试时，请务必记住这对你来说是一种测试工具，可以帮助你在任何领域发展自己。因此，如果你再次诚实、快速地回答问题，你将从中获得最大益处。如果你的分数与预期不符，请继续阅读和使用本书中的所有资源，你终将到达那里。

查看你的新分数，看你处于哪个阶段：

舒适带：分数＜50

你仍然喜欢自己的舒适区。如果你真的对现在的状态感到满意，这样也很好。但如果你对生活的各个方面都不满意，那么就到了你该下决心好好利用本书来真正打破舒适区、充分利用生活中的一切的时候了。毫无疑问，你曾听过"人生苦短"一词，它有些过度使用，可能略微失去了意义，但这真的是事实，生活中有如此多值得探索和享受的事物。永远不要惧怕自己——如果你有任何疑问，下一章富有启发的话可能会帮助到你。简而言之，要知道在任何情况下，你总是拥有多种选择，你总是可以按照最适合自己的方式享受生活。

探索带：51—74 分

你正在进行行动前的热身，前方还有许多激动人心的事情在等着你。现在，你已经知道需要做些什么，因此你需要将所有的紧张和局限转变成兴奋和能量，去做自己并追求你想要的。增强你的信心，放开一切可能困扰和阻碍你的事情。你现在拥有所有资源，因此可以按照自己的进度逐步去实现它们。如果你真的想要某种结果，它就一定会实现。信任并充分利用生命过程，下决心成为那个你理想中的人，因为你可以做到。

突破带：75—100 分

你仍在突破的进程中，但在尽一切努力达到目标上做得很出色。你显然已经达到了新的高度。继续向前推进。你确切地知道你需要做什么，只需要再花些时间和利用相关经验就可以到达零地带或你想要到达的地方。享受其中的乐趣，并且要记住，无论在旅程中遇到任何人或任何事，只要你内心无比坚定，你就会取得成功，确保你对此保持坚定的决心和坚韧的毅力。

零地带：101 分及以上

恭喜你！现在，你确切地知道了你想要什么，并且毫不犹豫地尽全力去实现这个目标。尽力而为并乐在其中！

现在，你可以回到第五章末尾再次浏览零地带人格的标志，这样你就可以知道自己在多大程度上表现出零地带人格。

更新你的行动清单

无论你这次的得分是多少，再次询问自己以下问题可能很有帮助，在行动清单中列出你需要和希望做的所有事，来促使你达到自己想成为的样子：

关键的问题

- 为什么你会给出这样的答案，具体指的是什么？
- 与上次测试相比，你发现自己与以前有什么不同？
- 这样的结果向你揭示了什么？
- 你可能需要释放、放手、做到或学习什么？
- 你可以从舒适区测试的答案和分数中学到什么积极经验？
- 你如何推动事情向前发展？
- 对你产生影响的关键是什么？
- 你准备好继续扩大你的舒适区界限、抱负和愿望了吗？
- 你是否渴望发现你想去的地方，并不断了解自己，点燃新的目标和意图，从而使自己保持兴奋呢？
- 如果最后两个问题的答案为"否"，为什么是"否"呢？这是什么意思，这里需要解决的真正根源是什么？
- 如果你非常肯定地回答"是"，那就太好了！谁都不知道这可能将你指引向何方，但无疑是你从未想象过的地方。这时你恰恰可以相信自己和生命过程。

> 坚信生活开始于舒适区的尽头！

重点回顾

- 重新进行舒适区测试，其目的是在你已经研究并运用了本书中的资源之后，与第一次的得分进行对比。
- 认识到自己的积极变化以及你还需要做些什么，可以帮助你进一步打破舒适区，在你的生活中发现新的目标和意义。
- 完成行动清单，进一步质疑你的答案将对你有所帮助。
- 你可以根据需要多次进行舒适区测试，并将其用作一种工具，从而不断取得进步。

第十章

最后的话

我们都知道，待在舒适区域内、不愿打破界限、从未真正获得想要的东西，其唯一原因最终归结为恐惧，无论我们是否意识到了这种恐惧。

因此，要想到达任何想去的地方，我们必须消除恐惧和阻止能量障碍。我们必须精通于认识到恐惧及其衍生出的限制，学会放手，才能前进。

这时，所有的记忆和经验都变成了智慧，使我们不再有限制，为我们创造了继续前进的空间，无论这会多么不适。在这一点上我们完全有能力相信生命过程，我们可以应对任何事情。

除此之外，还有三个关键要素：

1. 当恐惧真的来临时，我们比自认为的要坚强得多，可以应对所面临的一切。因此，没有必要担心恐惧，而是要了解恐惧并学会相信自己。

2. 每当你有新的机会，突破那些界限并释放非理性恐惧时，宇宙都会做出相应的反应，并打开无限可能性的大门。

3. 始终相信并清楚，在你的内心深处，无论在旅途中发生什么事情，你都可以确信，正确的事在指导你前往想要到达的地方。

试想一下，如果我并不总是拥有强大的核心蓝图，没有在几年前引导我做出某些大胆的决定来完全改变自己的生活方向，那么你可能现在还没有读过这本书——谁知道还有什么其他后果。

- 当我们每个人全心全意地做出改变的决定时，无论是全身心还是部分地朝着最终使命迈进，无论是个人生活还是职业生涯中，我们的生活都会相应地改变。
- 仅仅是因为每次你决定走出舒适区并确定你的主观现实，你都会改变自己的感觉和行为方式，改变自己的性格，从而改变客观现实并获得结果。你将改变自己周围的量子场，吸引一种与全新的你一致的不同的生活方式。
- 记住除了你的感知、你的想法和决定之外，没有其他东西是真实的。我们都在创造自己的现实。

从本质上来讲，一切都是相对的：没有冒险，便没有收获——或者说，一切冒险，都有收获。另一句经典而同样真实的话：投入的越多，收获的越多。

因此，最后一个问题是：

- 如果（当然不会发生）你明天将不在人世，你是否会光荣地离去？
- 你的遗产将是什么——你会被记住什么？
- 你会因自己的生活充实而在离开时感到满意吗？你做完所有想做的事了吗？

- 你会因为过着恐惧和遗憾的生活而感到沮丧吗？

最重要的是，我衷心希望能够帮助你积极改变对恐惧的感知和认识，并重新定义恐惧，使你能够一劳永逸地释放恐惧并全力以赴，请永远牢记：

一个人能够做到的，另一个人也能够做到……只要下定决心，运用正确的心态，就能让可能性成为现实。

此外，勇敢者的运气往往会更好。抛掉所有让你待在舒适区内的不必要的恐惧、束缚和限制是值得的；如果你能做到，你就可以突破界限，过上超越极限的生活！

对前进道路上的障碍进行分类

如果我还是感觉和以前一样，该怎么办？继续下去！有时候，将你的目标整合到无意识的水平需要时间——你需要等待改变真正发生。

检查你对某事的意图也很重要：这些想法真的很适合你吗？你是否在积极的环境中专注做自己的事情？无论你想做什么，都应出于正确的原因，最终为了你自己，因为你想做并且可以做到。

此外，要确保你完全相信自己可以做到！如果你不相信，就要探索深置于内心那些阻碍你的局限，它们都与某些负面情绪有关。继续阅读本书，答案就在那里，你会在某时感到豁然开朗。

如果暂时失去动力，怎么办

找出缺乏动力的真正根源很重要。是肤浅的吗？是暂时的吗？你是否疲惫不堪、精力耗尽？

如果是这种的话，请休息一下并尽量打破常规。在理想情况下，要完全改变你的环境——如果可以，请花一些时间暂停休整，然后做一些完全不同的事情。从我的个人经验看，有时候与要做的事保持距离可以激发动力。即便只是在主题公园放松一两天，寻求刺激的活动，或者去海边透透气，都可能会带来很大的不同。改变与休息可产生同样好的效果！花些时间进行冥想也有助于休息、思考和增强创造力。

你可能还会经历某种形式的抑郁、焦虑症甚至疾病，其中许多可能会导致你出现缺乏动力等症状。因此，进行例行体检非常必要。

最后，也许你感到动力不足，可能是因为你打算做的事没有足够的吸引力。也许你从内心深处知道它是徒劳的，或者不是你真正想要的。如果你认为是后者，请再次检查你的生活发现模型，然后重新阅读第七章和第八章，从而继续了解自己并探索自己的核心价值观。你需要使想做的事与真正给自己带来火花和动力的事保持一致。

尽管改变了思维方式，却没有变化，怎么办

如果你还没有看到感觉到变化，那么你可能需要花一些时间来整合并信任这一过程。也许变化正在发生，只是你还没有意识到。

如果变化尚未真正发生，则可能意味着你从内心并不真正相信改变。为此，请检查你的蓝图和潜意识。如果你所做的任何事情以及你认为想要做的任何事情都不符合你的核心蓝图，那么事情就不会改变，因为你不希望它们改变。答案就在本书中，继续阅读本书并运用相关内容；在你准备好时，答案就会出现，这与吸引力法则一致。

为什么有时候看不到进步

突破界限、走出当前的舒适区并不是一件容易的事，否则，这件事就不会构成挑战，也不会遇到任何问题或限制。但是，我们可以使其变得简单。

避免将其过于复杂化，当然也应避免考虑过多。如果你做了所有该做的，全心全意地做出决定，并且对自己所做的事抱有充分的信念，那么通常情况下，就不需要再继续努力地尝试，只需坚定信念，顺其自然，相信自己和生命过程。

当你做到这一点，事情可能会完全整合，并在你最不经意的时候，变化会悄然发生。

如果所有关键要素都已就位，就尝试走阻力最小的路径（强度更小，困扰更少，信任、信念和期望更多），这很可能就是你所缺少的。

你可能还需要探索不同策略，以找到最适合自己的策略，取决于你正在做什么，以及不起作用的是什么。有时可能需要一些专业的帮助或支持来完成这些事情，从而使你朝正确的方向前进。英国人类学家和社会科学家格雷戈里·贝特森在 20 世纪 40 年代因在该领域取得的成就而闻名，他曾说过，"人不能长期担任自己的心理治疗师"；这就意味着有时我们所有人都需要进行外部检查，才不会只见树木不见森林。

如果我就是做不到，怎么办

你可能还没有准备好。返回到舒适区测试以及第二、第七和第八章，但在阅读这些章节时要更加关注设定自己的挑战，着眼于更广泛的目的，并向内反省。

也可能是你需要更多客观的帮助，在这种情况下，请考虑寻求专业治疗师的帮助。

最后，你会发现某些方法比其他方法更适合你。尝试找出最适合你的方法并继续前进。如果你非常迫切地想要做某事，你就一定会实现。

把握六个基本原则

六个基本原则可以帮助你克服恐惧并实现你想要的一切：

- 了解你的真实目的、意图和结果。

- 拥有强大的自我意识，可以不恐慌地探索你的核心本质。

- 将积极的专注和态度用在你"可以"做的任何事情上。

- 对你正在做的事情和将要做的事情拥有坚定的信念——深信不疑！

- 相信自己，相信生命过程。

- 练习并享受这一过程，你会成为自己所相信的人！

> 你已经拥有了所有必要的资源，你只需敞开心扉，就能看到它们。